CS 291PP
F022
7351
ZA 072YV

Otto Grizzi

Lamborghini

La splendida antagonista

La storia di una grande sfida:
le macchine e gli uomini

GIORGIO NADA EDITORE

a Rosa, mia figlia

Realizzazione editoriale: Studio Cicero
Progetto grafico: Yoshihito Furuya
Impaginazione: Studio Cicero
Copertina: Yoshihito Furuya
Ricerca iconografica: Cristina Reggioli
Responsabile editoriale: Davide Mazzanti

Si ringraziano Lamborghini Automobili S.p.A. (in particolare Clara Magnanini, Press Officer Italy and Southern Europe, e Filippo Perini, Brand & Design - Centro Stile) e gli intervistati: Valentino Balboni, Giotto Bizzarrini, Gian Paolo Dallara, Mauro Forghieri, Paolo Stanzani, Bob Wallace.

Un ringraziamento particolare a Marcello Gandini.

Si ringraziano inoltre Fabio Lamborghini (direttore del Museo Lamborghini di Dosso - FE) e la Tonino Lamborghini s.r.l.

Il presente volume è stato realizzato con la stretta collaborazione del commendator Tonino Lamborghini, che ha gentilmente concesso alcune foto storiche del suo archivio personale, alcune delle quali pubblicate nel suo libro *Diventerò Lamborghini*. Il commendator Lamborghini – nell'impossibilità di farlo direttamente – ringrazia gli autori delle foto riprodotte. Ricordiamo che il materiale fotografico usato nel libro *Diventerò Lamborghini* è presente anche presso il Museo Polifunzionale Ferruccio Lamborghini di Dosso (FE).

www.giunti.it

Via Bolognese 165 - 50139 Firenze - Italia
Via Dante 4 - 20121 Milano - Italia
Prima edizione: ottobre 2009

Ristampa	Anno
7 6 5 4 3 2 1 0	2012 2011 2010 2009

Stampato presso Giunti Industrie Grafiche S.p.A. - Stabilimento di Prato

MIURA, COUNTACH, DIABLO

Istantanee da una vittoria in tre mosse

Marcello Gandini

1965 – A inizio novembre, vengono in visita alla Carrozzeria Bertone Ferruccio Lamborghini, Gian Paolo Dallara e Paolo Stanzani, chiedendoci di "vestire" la meccanica del prototipo PT400 che da pochi giorni avevano presentato al Salone di Torino. A fine novembre, presento i figurini in scala di una possibile soluzione. Non dispiacciono... Immediatamente parte la costruzione del modello in grandezza naturale.

Il 24 dicembre, verso le 10 di sera, insieme ad alcuni bravi modellisti possiamo considerare pressoché finito il modello: è arrivato, ci siamo detti, con un paio d'ore di anticipo su Gesù Bambino. Nei due mesi successivi viene costruito il prototipo per il Salone di Ginevra. È un periodo molto intenso: il reparto lavora per ventidue ore al giorno e gli operai (molti in prestito da fornitori) si alternano in diversi turni. È grande merito del responsabile del reparto Esperienze, Ezio Cingolani, se il lavoro viene terminato in tempo e in perfette condizioni.

Intanto la Lamborghini ha scelto il nome: MIURA. E la scritta, con relative corna e coda, trova posto sul prototipo, e verrà mantenuta su tutta la produzione.

1970 – La COUNTACH nasce in estate, un po' per divertimento e un po' sul serio. Fra Paolo Stanzani e me si tratta di vedere che cosa potremmo mai fare a cinque anni di distanza dalla Miura. Beninteso senza una precisa destinazione operativa, solo per il nostro personale piacere.

Mentre Stanzani pensa alla meccanica, noi allestiamo un modello in scala: il nostro intento è riuscire a coniugare l'anticonformismo della Stratos Zero (allora in lavorazione come prototipo per il Salone di Torino) con le linee mosse e l'aggressività di una vera sportiva. Solo più tardi, e siamo a fine anno, Bertone decide di costruire il prototipo da presentare al Salone di Ginevra.

A quel tempo era nostra ambizione quella di esporre dei prototipi funzionanti, che facessero il loro ingresso alla manifestazione in moto.

Quindi, come al solito, viene Bob Wallace a montare la meccanica appositamente costruita.

Negli ultimi giorni prima del Salone si lavora spesso la notte, tenendo alto il morale con qualche piccolo scherzo e con una certa aria di fronda sbarazzina. In questo clima nasce il nome Countach, vocabolo piemontese (letteralmente "peste", "contagio") usato per esprimere sconcerto, rabbia. Ma anche ammirazione. Chiedo il parere di Bob circa l'impressione fonetica su un orecchio anglosassone, e ho la sua approvazione. Faccio intagliare la scritta: il nome è rimasto.

1984 – Vengo contattato dall'ingegner Giulio Alfieri per lo studio di modifiche o parziali rifacimenti della Countach. Non se ne fa nulla. Ma nel 1985 l'ingegner Luigi Marmiroli, insieme alla direzione aziendale, mi richiede lo studio di una vettura completamente nuova.

Il modello 1:1 viene costruito tra la fine del 1985 e l'inizio del 1986, e da esso Marmiroli trae un prototipo, che verrà parzialmente camuffato per le prove. Nella primavera 1987, la Lamborghini passa alla Chrysler e il modello viene presentato a Sant'Agata Bolognese a Lee Iacocca: viene deciso di procedere con il lavoro.

Nell'autunno, aggiorno lo stile della vettura, che ormai ha due anni sulle spalle, e la presentazione ha luogo in Toscana, a casa di Mr. Iacocca. Il Centro stile Chrysler chiede di poter dare un apporto al progetto e il modello va in America, dove io lo seguo, naturalmente: rimarrà sostanzialmente lo stesso, con qualche arrotondamento.

Nel 1988, infine, curo la costruzione a Torino del master definitivo. È nata la Lamborghini DIABLO.

Marcello Gandini nasce a Torino il 26 agosto 1938. Dal 1965 al 1979 in Bertone: a lui si deve un contributo sostanziale alla definizione dello stile italiano nel design automobilistico della seconda metà del XX secolo. Ha disegnato capolavori come l'Alfa Romeo Montreal, la Ferrari 308 GT4, la Lancia Stratos, le Lamborghini Miura, Countach, Diablo e altre.

SOMMARIO

PORTFOLIO

UN COLLAUDATORE DELL'ALTRO MONDO
Intervista a Bob Wallace

Bob Wallace, mitico collaudatore della Lamborghini, è nato a Auckland (Nuova Zelanda) il 4 ottobre 1938. Arriva alla Casa del Toro nei primi giorni del 1964 per restarci fino al 1975, prima di andare a vivere negli USA, a Phoenix (Arizona), dove la sua officina Bob Wallace Cars (al n. 2302 di E Magnolia Street) si occupa tuttora di vetture Lamborghini e Ferrari.
In occasione della pubblicazione di questo libro, lo abbiamo intervistato.

Quali sono le tue origini... automobilistiche?

Fin da giovanissimo, ho cominciato a sentire il richiamo dell'automobilismo sportivo, quindi di... Modena. Così, nemmeno ventenne e con in tasca il diploma preso presso l'Istituto tecnico di Auckland, sono partito per l'Italia.

E sei entrato in Maserati.

Sì. Ed è lì che ho conosciuto, anche se non approfonditamente come avrei desiderato, Juan Manuel Fangio, reduce del trionfo iridato del 1957 sulla Maserati 250F.

Poi, a inizio 1964, arriva la chiamata in Lamborghini?

È stato l'ingegner Gian Paolo Dallara a volermi a Sant'Agata Bolognese. Infatti, prima di dedicarmi ai collaudi ho lavorato con lui presso l'Ufficio tecnico.

Com'era il tuo rapporto con la gente del Toro?

È sempre stato ottimo, compreso quello con Ferruccio Lamborghini, sia sul piano personale sia su quello professionale. Lui era un uomo eccezionale, carico di entusiasmo per quello che stava creando.

Parlaci della prima "vera" Lambo che hai collaudato, la 350 GT del 1964.

Sono convinto che la 350 GT sia stata in assoluto la vettura più completa che abbiamo costruito. Veloce, molto leggera, estremamente maneggevole e silenziosa, era un'auto molto moderna, soprattutto se paragonata a una Ferrari 250.

E la Miura?

Le prime serie della Miura cambiarono il punto di vista generale rispetto a quello che un'automobile avrebbe dovuto essere. Sfortunatamente, ebbe un grande successo commerciale e, a fronte di una tale quantità di ordini, dovemmo avviare la produzione in tempi troppo brevi. A ogni modo, questa macchina dava grandi soddisfazioni di guida, se affidata a un pilota esperto.

A proposito di Miura, parlaci della tua versione Jota.

La Jota è stata realizzata quale laboratorio viaggiante per testare una serie di ipotesi e soluzioni tecniche. Non si trattava di un mezzo da competizione. E capisco bene che, alla fine, sia stato necessario metterla in vendita per rientrare dei costi sostenuti.

Tornando alla Miura, hai qualche rammarico?

Sì. Abbiamo probabilmente interrotto la produzione troppo in anticipo: ricordo che l'ultima versione, la SV era ottima sotto ogni punto di vista.

Raccontaci della Countach.

Una volta che l'ingegner Paolo Stanzani e io abbiamo provato la prima Countach, ci siamo resi conto che, rispetto alla Miura,

disponevamo di una migliore vettura-base. Purtroppo, sfortunatamente, lo sviluppo del modello richiese tempi molto più lunghi rispetto a quanto era stato previsto. Per esempio, il primo 5000 cm^3 si rivelò essere un totale disastro e "ruppe" davvero alla grande.

Tirando le somme di quegli anni, cosa puoi dirci?

Guardandomi indietro dopo tutti questi anni, mi sento infinitamente grato e orgoglioso di aver fatto parte di quel gruppo di persone. Forse eravamo troppo giovani, forse non avevamo ancora l'esperienza necessaria, ma eravamo tutti carichi di entusiasmo per quello che stavamo facendo. E questa era una cosa che ci accomunava tutti, dallo stesso Lamborghini giù giù fino ai reparti in fabbrica. A proposito: le ragioni che mi hanno spinto a lasciare la Lamborghini erano squisitamente personali e nulla avevano a che fare con l'azienda. Noi tutti, allora, abbiamo cercato di fare qualcosa di meglio. Forse ci siamo riusciti, ma non tocca a me dirlo. Certamente ci abbiamo provato.

Concludendo?

La loro amicizia mi manca molto (*risponde in italiano*).

LAMBORGHINI

SOTTO IL SEGNO DEL TORO

Questo è il racconto del sogno di un uomo: Ferruccio Lamborghini, sanguigno industriale di successo nonché generoso e inguaribile romantico, voleva costruire auto da granturismo ad alte prestazioni che fossero più belle e carismatiche di tutti i modelli sul mercato. Con l'aiuto di uomini come Giotto Bizzarrini, Franco Scaglione, Gian Paolo Dallara, Paolo Stanzani e Marcello Gandini l'ha realizzato, consegnando alla storia dell'auto icone come la Miura e la Countach. Dopo di che, se ne è andato, lasciando il testimone a chi ne fosse capace: nel 1998 l'hanno raccolto i tedeschi dell'Audi e macchine sempre più performanti si sono aggiunte a quei primi capolavori, rombanti vincitori di una sfida che allora sembrava impossibile.

■ Veduta di Renazzo, paese natale di Ferruccio, in una cartolina dell'epoca. Sulla destra, la chiesa parrocchiale con la piazza, teatro delle prime "prove su strada" dei trattori Lamborghini.

ARCHIVIO PERSONALE TONINO LAMBORGHINI

■ Nella pagina a fronte: foto di famiglia. Un giovane Ferruccio (secondo da destra), fin da ragazzo destinato a un futuro da contadino, preferì i lavori di meccanica.

LÀ DOVE CADDE IL METEORITE

È il 28 aprile 1916, prima decade della costellazione del Toro. Tra campi di canapa seminata da pochi giorni, a Renazzo, una frazione del comune di Cento in provincia di Ferrara, nasce Ferruccio Lamborghini. Sono le cinque del pomeriggio quando entra nell'arena della vita (nemmeno gli dèi che sovrintendono ad astrologia e tauromachia l'avessero già segnato!). Viene battezzato il 2 maggio nella chiesa parrocchiale di San Sebastiano (una massiccia costruzione di fine Quattrocento con un ancor più massiccio campanile, eretto 250 anni più tardi), con tanto di secondo e terzo nome, Elio e Arturo, presi dai nonni.

A quella data il paesino di Renazzo, e il nome la dice lunga di cosa pensasse la gente del luogo del capriccioso fiume Reno che passa di lì, è noto alle cronache per l'annuale fiera di luglio delle pere (la rara, saporitissima *Muscatela*), oltre che per un meteorite pesante 441 grammi che vi cadde il 15 gennaio 1824. D'ora in poi lo sarà per questo cucciolo d'uomo appena nato in un grosso, squadrato casolare, abbellito da un vezzoso motivo architettonico sotto il tetto a spioventi, in un angolo di mondo dove d'inverno il freddo arriva a 15 gradi sotto zero e d'estate il sole implacabile accartoccia le foglie sugli alberi.

Lì, a quattro chilometri dal capoluogo Cento, nella campagna piatta che pochi anni dopo vedrà le scorribande delle squadracce di Italo Balbo contro la diffusione della partecipanza agraria (una forma locale di possesso collettivo della terra che risale quasi all'anno Mille), il padre di Ferruccio, Antonio (detto Tugnin), possiede in compro-

ARCHIVIO PERSONALE TONINO LAMBORGHINI

prietà col fratello Alessandro un podere di venti ettari, con mucche e cavalli nella stalla a fronte dell'abitazione.

Alle faccende di casa (in famiglia arriveranno altri quattro figli) c'è mamma Evelina, tipica massaia della pianura lombardo-emiliana: è alla sua tavola che, nei giorni di festa, si dimentica la fatica dei campi con un piatto di cappellacci di zucca. Ed è sempre Evelina che, nella stagione fredda, ammannisce accanto alla *ciopa* del miglior pane italiano (ancora fatto settimanalmente in casa) una cucchiaiata dell'ineffabile salama da sugo il cui aroma alcolico bene si associa a quello del vino Fortana del Bosco Eliceo stappato per l'occasione, in alternativa al lambruscone di tutti i giorni. Ben presto, il ragazzo è in grado di dare una mano nei lavori agricoli, ma è subito chiaro che preferisce impegnarsi in altre attività: si è inventato una bottega in un locale della stalla dove, soprattutto nei giorni in cui fuori fa freddo o *al piov*, si cimenta con successo nella riparazione di attrezzi e oggetti di uso domestico. Per lavorare (fino a mezzanotte, al lume di candela), soltanto pochi strumenti e un tavolaccio con un'incudine e una morsa.

Dopo le scuole elementari (sotto la guida dell'illuminato maestro Lenzi, che con quel tabarro nero sembra tratto da una sequenza felliniana), Ferruccio è iscritto alle "professionali", ovvero frequenta il rinomato Istituto tecnico di formazione professionale Taddia di Cento. Al termine, con in mano il classico "pezzo di carta", invece di affiancare il padre nella conduzione del podere di famiglia, va a bottega dal fabbro del paese, un rinomato battiferro che di nome fa Giuseppe Ferioli, dove farà esperienza di battitura e saldatura del ferro.

Ferruccio nel 1936. Terminate le scuole tecniche, ha iniziato a fare esperienze nelle botteghe di fabbri e meccanici.

ARCHIVIO PERSONALE TONINO LAMBORGHINI

PRIME MOTO, PRIME AUTO, PRIME CAMBIALI

Ormai però Renazzo sta stretto al giovane Ferruccio, che appena può fa rotta su Bologna dove si pavoneggia felice a bordo della sua prima moto, una bella bicilindrica GD da 175 cm^3 acquistata usata in viale Antonio Aldini

Ferruccio con la sua prima moto, una GD 175 a quattro tempi che gli regalò grandi soddisfazioni.

ARCHIVIO PERSONALE TONINO LAMBORGHINI

ARCHIVIO PERSONALE TONINO LAMBORGHINI

Il giovane Lamborghini con un gruppo di amici e la sua Norton 350 TT. Ferruccio è l'ultimo a destra. In primo piano, il fratello Edmondo.

presso la Casa bolognese dell'"aquila a due tempi" (fondata da pochi anni da Mario Ghirardi e Guido Dall'Oglio) e ricondizionata personalmente.

Sotto le due torri, l'apprendistato prosegue per qualche mese presso la famosa officina Righi (anch'essa in viale Aldini) che revisiona camion militari: ogni fine settimana riscuote quindici lire.

Il Nostro si sente già un meccanico "finito", tanto che firmando le prime cambiali inizia a comperare, risistemare, rivendere qualche auto: lo fa assieme al compaesano e coetaneo Marino Filippini, un amico che con lui è praticante presso il cavalier Righi. Cambia anche la motocicletta, arrivando infine alla velocissima monocilindrica Norton 350 TT con cui sfida gli amici in gare estemporanee lungo le strade polverose del Centese.

Sono queste le sole corse che Ferruccio ha veramente amato e che ricorderà nostalgicamente per tutta la vita, visto che, in auto, il futuro costruttore delle uniche supercar italiane in grado di rivaleggiare con le "rosse" di Maranello gareggerà, lo vedremo, una volta soltanto, a trentadue anni appena compiuti, nella XV edizione della Mille Miglia.

In lui non arde il sacro fuoco delle corse che per tutta la vita ispirò il lavoro di Enzo Ferrari. Tanto che quando Ferruccio Lamborghini deciderà di realizzare le sue granturismo, al suo primo progettista, Giotto Bizzarrini, raccomanderà di non disegnare un motore "da corsa". E allo stesso modo, anni più tardi, non gradirà la Jota, versione "racing" del suo capolavoro, Miura, voluta dal collaudatore Bob Wallace.

Nel Dodecaneso, alla scoperta del diesel

Dopo lo scoppio della Seconda guerra mondiale, il Nostro viene chiamato a militare. Lo mandano a Rodi, la maggiore delle isole greche dell'arcipelago del Dodecaneso, dominio italiano nel mar Egeo ormai da quasi trent'anni. Lì si occuperà, come caporale autiere, degli automezzi del 50° Autoreparto misto di manovra.

Ferruccio e alcuni suoi commilitoni, a Rodi: sull'isola rimase dal 1940 al 1945, sino al termine del conflitto.

ARCHIVIO PERSONALE TONINO LAMBORGHINI

Ferruccio, il terzo da sinistra, a Rodi all'Autocentro dell'Esercito. Sullo sfondo i camion sui quali affinerà i primi rudimenti di meccanica, soprattutto del ciclo diesel.

Si tratta di lavorare in officina per tenere in efficienza camion e trattori (addetti al traino degli aerei) della Divisione Regina: sono mezzi con motore sia a ciclo Otto sia a ciclo diesel, quest'ultimo ancora, all'epoca, una specie di oggetto misterioso. Ferruccio affronta la novità, la studia a fondo ed emerge ben presto come il migliore della ventina di meccanici della struttura. Diventa anche autista personale del governatore dell'isola, Cesare Maria De Vecchi, il famoso quadrumviro fascista a cui regala non pochi spaventi con la sua guida spericolata e irriguardosa.

Arriva l'8 settembre 1943. Tutto il reparto si disperde sull'isola, arrangiandosi come può in attesa degli eventi: il nostro caporale, gettata la divisa alle ortiche, apre un'officina nel capoluogo. Alla decisione non è estraneo il fatto che nella cittadina ha conosciuto e si è innamorato di Clelia Monti, figlia di emigranti ferraresi sull'isola. La dolce figlia del mugnaio locale è conquistata da questo ragazzo più vecchio di lei, non alto ma robusto, con un viso decisamente bello, rischiarato da un paio di occhi azzurri.

Adesso Ferruccio ripara mezzi meccanici un po' per tutti, anche quando, dopo la resa, arriveranno sull'isola gli inglesi liberatori: ma da loro si fa astutamente pagare in sterline d'oro. Nel frattempo, la notte del 31 dicembre 1943 ha avuto modo di diventare una specie di eroe, trasportando in auto, fino all'imbarco su un mezzo navale britannico, il capitano dei carabinieri Carlo Pellegrino, che rischiava l'internamento in un campo di concentramento tedesco, a causa del suo impegno antinazista sull'isola.

Ora il Nostro ha una nuova moto, la prestigiosa Astra 500 (uno dei pochi esemplari realizzati dalla CM di Bologna per Max Türkheimer), mentre, in un clima che ricorda il film *Mediterraneo* di Salvatores (girato sulla vicina isola di Kastellorizo), si avvicina il ritorno a casa. Finalmente, il 10 maggio 1945, anche a Rodi la guerra finisce e qualche settimana più tardi Ferruccio torna a Renazzo: dopo cinque anni di servizio militare, sarà congedato il 17 ottobre.

Il nostro giovanotto è diventato un uomo adulto, ha quasi trent'anni e in tasca un piccolo gruzzolo di sterline d'oro. Ma più che altro ormai sa tutto di meccanica, e dei motori diesel. Forse medita di operare nel settore delle macchine agricole: siamo nei giorni della Ricostruzione, e attorno a lui si estendono campi di canapa, frumento, granoturco, barbabietola da zucchero. Intanto lavora come meccanico, a Cento, dedicandosi alla riparazione di auto e moto (ora gli è socio Remido Govoni, amico di gioventù): con un tornio e un sollevatore comperati di seconda mano, trasforma le FIAT Topolino per le competizioni.

Ferruccio alle officine R.A.M.A. di Rodi sulla sua Astra 500, nel 1943.

ARCHIVIO PERSONALE TONINO LAMBORGHINI

NOZZE, FIGLIO E... TRATTORE CARIOCA

■ Nella pagina a fronte: Clelia Monti Lamborghini, il giorno delle nozze; Ferruccio l'aveva conosciuta durante il servizio militare a Rodi.

■ In basso: Ferruccio e Clelia a Ferrara: la giovane sposa morirà dando alla luce Tonino.

Arriva il 1947: il 7 aprile, Ferruccio si sposa con Clelia presso la chiesa ferrarese di Santa Maria in Vado e nello stesso anno nascerà il figlio Antonio (per tutti Tonino) dal nome del nonno paterno. Per complicazioni del parto, Clelia muore e, mentre il piccolo è affidato alle cure amorevoli di nonna Evelina, Ferruccio per cancellare la tragedia e dimenticare il dolore si tuffa ancor più nel lavoro, avendo ormai deciso che il suo immediato futuro è nella meccanizzazione agricola e che in Italia c'è uno spazio enorme di mercato per la costruzione di trattori, allora una rarità nelle nostre campagne.

Tanto per cominciare, risparmiando nello start-up del progetto, va alla ricerca di un campo ARAR (l'Azienda Rilievo Alienazione Residuati, che gestisce il surplus di mezzi militari alleati, in vendita per pochi soldi) dove trovare ispirazione e materiale. Vicino a Forlì scopre una camionetta inglese seminuova, con motore Morris quattro cilindri a tre marce derivato da quel 1548 cm^3 a valvole laterali del modello stradale a due posti Cowley, famoso durante le due guerre per la sua robustezza.

ARCHIVIO PERSONALE TONINO LAMBORGHINI

Ferruccio ci ha messo spesso le mani in officina, a Rodi: porta a casa la jeep, e dal giorno dopo si mette all'opera, con l'aiuto di alcuni amici, per trasformarla in quello che ha in mente, una trattrice da usare in campagna. Tagliano, saldano e modificano, applicando un nuovo, più efficiente differenziale e un secondo, più capace serbatoio, ma soprattutto trasformando l'alimentazione da benzina a petrolio,

ARCHIVIO PERSONALE TONINO LAMBORGHINI

■ Trattori in esposizione in una fiera di paese.

■ In alto, il trattore Carioca: il nome deriva da un successo radiofonico dell'epoca.

che costa molto meno, un argomento non indifferente: è Ferruccio, l'esperto, che fa la modifica inventandosi una serpentina di rame (attorcigliata alla ghisa rovente dei collettori di scarico per riscaldarla) che porti il combustibile vaporizzato al carburatore. Il lavoro è ultimato in fretta, tutto funziona: la nuova "creatura" è battezzata La Carioca, dal titolo di una canzone popolare dell'epoca. Ora, per venderla, non resta che fare pubblicità al prodotto e il sistema più veloce (e che non costa niente) è esibirlo alle sagre e alle fiere di paese, all'epoca i più frequentati luoghi di incontro e svago.

Il 3 febbraio 1948, alla festa di San Biagio, patrono di Cento, i numerosi contadini che escono dalla chiesa parrocchiale dopo la rituale benedizione della gola, possono ammirare in piazza, accanto alle poche giostre e a qualche bancarella che vende spirali di tiramolla e altri poveri dolciumi, il piccolo trattore Carioca, con tanto di scritta maiuscola, LAMBORGHINI, sulla calandra del radiatore, all'altezza dei due piccoli fari. Con Ferruccio a fare da abile ed entusiasta venditore, gli ordini d'acquisto fioccano immediati: arrivano ben undici anticipi di centomila lire sulle circa ottocentomila del prezzo finale, una cifra di assoluto favore rispetto alla concorrenza italiana e straniera.

Per la prima volta anche il piccolo agricoltore ha accesso a un mezzo meccanico economico da comperare e da mantenere. Le contrattazioni si "benedicono" al bar, anzi all'osteria in piazza. Magari, accanto al "piccolino" di vino bianco, si proverà a bere qualcosa di nuovo, forse un Caffè Borghetti o, i più audaci, un Coca Buton. Poi tutti a casa, per i *caplas* tenuti al caldo nella zuppiera.

ALLA MILLE MIGLIA DEL CALVARIO DI TAZIO

Ora il neo-imprenditore avrebbe bisogno di soci finanziatori per avviare la produzione, sia pure ancora artigianale. Li trova, ma li perde quasi subito (a differenza di lui hanno paura dell'ignoto) e allora prosegue da solo.

Reinvestendo ogni volta i guadagni, continua ad appoggiarsi alle riserve dei campi ARAR. Recuperati per pochi soldi i veicoli militari Morris, li trasforma e rivende subito, non prima di estemporanee, eclatanti esibizioni delle sue "creature" presso le feste locali. Per il pagamento, quando anche la rateizzazione al cliente non basta, accetta scambi in natura: buoi, cavalli, o partite di cereali o vino.

Nel frattempo, Ferruccio si leva l'ultima voglia agonistica, con la partecipazione alla Mille Miglia di fine aprile 1948, quella dell'epocale calvario di Tazio Nuvolari.

Gianluigi Baglioni a fianco di Ferruccio Lamborghini (al volante, con l'immancabile sigaretta in bocca) in gara nella Mille Miglia del 1948.

ARCHIVIO PERSONALE TONINO LAMBORGHINI

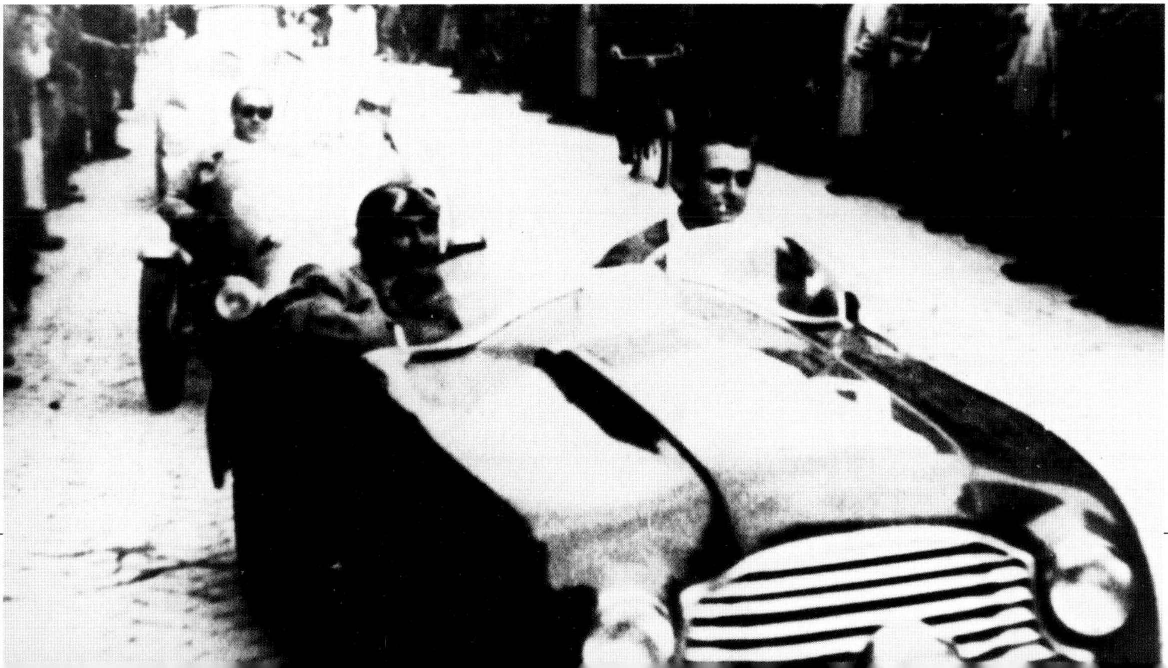

La corre in coppia con il giovane possidente terriero ferrarese Gianluigi Baglioni (che ha al suo attivo alcune gare su Lancia Aprilia), dopo aver preparato, in lunghe notti nell'officina sulla circonvallazione di Cento, una rossa "barchetta" su meccanica FIAT Topolino da iscrivere per la neonata Scuderia San Giorgio di Ferrara nella categoria Sport Internazionale entro 750 cm^3. Il numero di gara è il 427, la targa BO20334.

Ha messo le mani sul motore, tra l'altro maggiorando la cilindrata a 650 cm^3 dagli originali 569, mentre la carrozzeria Ala d'Oro di Reggio Emilia ha provveduto a un nuovo "vestito", leggerissimo e affusolato.

Il Nostro parte in piena notte, con l'eterna sigaretta in

Tazio Nuvolari alla Mille Miglia del 1948. La corsa vincente del "Mantovano volante" s'interruppe per guasto meccanico in località Ospizio, alla periferia di Reggio Emilia.

bocca. Per le prime centinaia di chilometri verso Roma va tutto bene, ma sulla circonvallazione di Fano succede il patatrac: nell'affrontare una curva il copilota di Ferruccio perde il controllo della vettura, che si infila dritta in un'osteria. La corsa per i due finisce qui (con un bel po' di danni da pagare all'oste) e l'unica soddisfazione per loro è ammirare il passaggio del "Mantovano volante" che con la Ferrari 166 SC numero 1049 "spazzolerà" in piena velocità la stessa maledetta curva alla sua inimitabile maniera.

Dall'artigianato all'industria

Da un po' Ferruccio frequenta Annita Borgatti, una maestra elementare di Cento che insegna a Bologna, di cui si è innamorato e che sposerà il 26 marzo 1949 presso la cattedrale di San Pietro, nella città delle due torri. Per la luna di miele, invece di Venezia scelgono Napoli, nelle cui vicinanze si imbattono in un ennesimo campo ARAR che ha in vendita, al solito prezzo stracciato, addirittura un migliaio degli amati motori Morris, a quattro e a sei cilindri.

Per lui è l'Eldorado. Torna subito a casa e, con l'aiuto del padre, ottiene un prestito di 10 milioni di lire dalla Cassa di Risparmio locale. Acquista tutta la partita, facendola arrivare immediatamente a Cento imballata in scatoloni di legno, tra lo stupore e le riserve di amici e parenti che scuotono la testa di fronte a una faccenda decisamente arrischiata. Arrivano i primi operai (quattro) regolarmente assunti e la produzione può cominciare: dapprima un trattore alla settimana, ma saranno quattro già l'anno dopo (e gli operai una trentina), con Annita che, fin dall'inizio, tie-

ARCHIVIO PERSONALE TONINO LAMBORGHINI

Il reparto montaggio motori della prima Lamborghini Trattori a Cento di Ferrara.

Ferruccio, il figlio Tonino e la moglie Annita posano con il cardinale Lercaro e le prime maestranze nel giorno dell'inaugurazione dei nuovi capannoni.

ne le redini dell'amministrazione. L'officina sulla circonvallazione di Cento non basta più, e per il primo stabilimento Lamborghini Trattori si trova un nuovo spazio di 1000 metri quadri in via Ferrarese. I lavori iniziano il 14 gennaio 1950. Arriva il successo: aumentano i capannoni e le maestranze (tra le quali le donne sono sempre di più), mentre si allestisce la rete commerciale.

Adesso che dall'assemblaggio artigianale si è passati alla vera e propria produzione industriale, e con il boom economico in arrivo, non basta più Ferruccio a vendere le sue "creature" verniciate in bianco e azzurro (su felice indicazione del figlio Tonino) per le aie o le piazze. Certo, lui non si fa problemi a scendere ancora in campo a fianco del suo venditore, se c'è da "chiudere" un contratto difficile.

La produzione cresce regolarmente, con le vendite in costante espansione, anche perché queste macchine sono decisamente ben costruite e durano in eterno. In azienda i rapporti con i lavoratori restano cordiali, come in una grande famiglia. Si parla tutti in dialetto e si avverte una forte identificazione tra il prodotto e chi lo realizza.

Cavalcando il "miracolo italiano"

Quando la riserva dei motori inglesi si esaurisce, Ferruccio inizia a montare gruppi meccanici nazionali, anche sulla spinta della legge Fanfani del 25 luglio 1952 (sovvenzioni a tassi agevolati alle imprese contadine per l'acquisto di macchine agricole, purché costruite in Italia). Ma questi materiali non lo soddisfano. Tecnico raffinato, a modo suo ne avverte i limiti: a suo dire, sono ormai superati. Da tem-

ARCHIVIO PERSONALE TONINO LAMBORGHINI

po ha buttato l'occhio sullo stupefacente diesel MWM dei modelli tedeschi Deutz: è raffreddato ad aria!

Un giorno di novembre, nel 1956, con il sodale Corrado Carpeggiani (gran venditore di trattori, ma soprattutto appassionato di auto sportive), va in treno fino a Mannheim per chiedere alla Casa costruttrice di cedergli la licenza per l'Italia. L'ottiene e assieme a essa arriva il trionfo definitivo della Lamborghini Trattori sulla concorrenza. La produzione si impenna, 10 unità al giorno, si moltiplicano i capannoni (a benedirli è il cardinale bolognese Giacomo Lercaro, per il Nostro, all'emiliana, l'"arciprete") e la ma-

Il trattore 3402C cingolato, con motore a tre cilindri, uno dei modelli della gamma.

nodopera, si adottano le catene di montaggio, e il Taylorismo dà una mano a creare ricchezza per tutti.

In Italia impazza il consumismo: il boom economico è esploso, e dal 1955 in molti si godono, sulle nuove autostrade dell'IRI, la FIAT 600 presa a rate.

In tutto questo, Ferruccio progetta e produce i primi trattori interamente "suoi", che in una gamma di 14 modelli si vendono alla grande; compreso il famoso Le Vigneron, il vignaiolo, a cingoli, largo appena 70 cm e commercializzato anche in Francia e California. In quella fase, arriverà quasi a commissionare ai suoi progettisti una trattrice destinata ai terreni delle esondazioni del Nilo.

Nella primavera 1959 l'imprenditore di successo sbarca negli USA. Visita Ford, General Motors e Caterpillar, ma soprattutto torna ben deciso ad avviare la produzione di bruciatori a nafta destinati a soppiantare anche da noi le caldaie a carbone per il riscaldamento. L'anno dopo, a Pieve di Cento nasce la Lamborghini Bruciatori, che produrrà

Nella pagina a fronte: in alto, l'Autostrada del Sole negli anni Cinquanta; in basso, Ferruccio e gli stabilimenti Lamborghini Bruciatori.

anche condizionatori. Digiuno di marketing, ha annusato ancora una volta il vento giusto e il successo gli arride.

Ora il nostro self-made man va a spasso in Ferrari, Maserati o Jaguar. Oltre a una villa in costruzione a Casalecchio di Reno ne ha una a Lido di Savio (Ferrara), dove si diverte a nuotare e a fare sci d'acqua (poi lo farà con un Aquarama Riva che adotta un suo motore a V12), mentre d'inverno lo spirito da gaudente emiliano lo spingerà a prenotare una poltrona di prima fila al Festival di Sanremo.

Ma il rapporto con Annita si sta progressivamente incrinando, e tra qualche anno ci sarà l'inevitabile rottura. Forse è già il tempo di un altro amore, almeno in ambito professionale: le auto da granturismo ad alte prestazioni.

ARCHIVIO PERSONALE TONINO LAMBORGHINI

QUELL'ANTICAMERA DA FERRARI

La Ferrari 250 GT 2+2 all'origine della nota diatriba con Enzo Ferrari sull'insufficiente tenuta meccanica di alcuni particolari delle "rosse" di Maranello.

ARCHIVIO PERSONALE TONINO LAMBORGHINI

Nella pagina a fronte: il costruttore nei capannoni della Lamborghini Automobili; è il novembre 1963.

Siamo a fine 1962, e il filo della nostra narrazione sembra interrompersi momentaneamente. Tutto nasce dall'improvviso annuncio alle dirigenze riunite, e costernate, della Trattori Lamborghini e della Bruciatori Lamborghini: l'azienda, dichiara il titolare, "si mette a fare" anche automobili.

Nella vicenda c'è un retroscena, e una causa scatenante. Il primo è tutto nella desolata constatazione, da parte di Ferruccio, che tutte le granturismo da lui acquistate (Ferrari 250, Maserati 3500 Touring, Jaguar E), pur celebrate dal successo, presentano difetti a suo dire imperdonabili in mezzi tanto costosi. Che sia la temperatura dell'abitacolo, insostenibile, l'eccessiva rumorosità meccanica, i freni insufficienti o, anche, la rottura di parti meccaniche. Soprattutto, non gli va giù che sull'ultima Ferrari arrivata in garage, la berlinetta GT 250 2+2, la frizione si sia rotta più di una volta. Così lui, che si diverte a mettere le mani sui motori, non solo ha sottoposto a ritocchi testate e distribuzione, ma vi ha montato una delle frizioni che usa sui suoi trattori: modifiche riuscite benissimo, tanto che la macchina va decisamente meglio di prima.

Riguardo alla causa scatenante, alcune rare ma prestigiose testimonianze giornalistiche (o forse siamo alla leggenda metropolitana, anzi campagnola, dato il contesto) raccontano che un bel giorno del novembre 1962 Ferruccio Lamborghini va a Maranello per dar conto a Enzo Ferrari in persona dei citati problemi e relative soluzioni. Nonché, palesemente, con l'intenzione di provocarlo, ad

Manifesto pubblicitario per i trattori Lamborghini.

Nella pagina a fronte, in basso: lo stabilimento della Lamborghini Trattori: il loro successo commerciale fu alla base della fondazione della Lamborghini Automobili.

esempio sul fatto che le frizioni delle "rosse" costano dieci volte quelle (ben più efficienti per resistenza e durata) che lui adotta sulle sue macchine agricole.

Come d'abitudine il Drake fa fare un po' d'anticamera (un paio d'ore) al visitatore, che però stavolta è un importante cliente e anch'egli costruttore, con ormai un migliaio di addetti. Non basta: lo lascia dispettosamente in piedi per tutto il colloquio, che concluderà in modo drastico affermando che di auto GT il ferrarese non può capire granché, poiché il suo destino è di costruire (e guidare) trattori.

Ferruccio, uomo timido ma irruente, conscio delle proprie capacità, lascia la bella compagnia lanciando (in ferrarese stretto) la leggendaria sfida all'uomo di Maranello: «Le farò vedere se non sono capace di fare anch'io delle "fuoriserie", magari migliori delle sue».

In risposta, scatta la vera freccia ferrariana: «Sì, magari farai dei trattori granturismo!».

Riguardo a quella giornata Tonino Lamborghini, in una delle tante rievocazioni della vita del padre, ricorda che... «tornò a casa decisamente fuori dai gangheri».

Scherzi da canapa indiana?

Se è vero che le principali caratteristiche di un nato sotto il segno del Toro sono l'orgoglio e la gelosia del proprio passato, figuratevi uno come Ferruccio quando si è sentito sminuire sarcasticamente i meritati successi di un intero quindicennio di lavoro e di dedizione all'impresa.

È qui forse la chiave di volta, quel motivo in più che spiega il coraggio della sfida a uno come Ferrari, portata sul terreno delle vetture da granturismo dove i fallimenti sono di prammatica (vedi l'esperienza ASA, coeva Casa milanese costruttrice della famosa Ferrarina), peraltro esattamente nei giorni in cui dalla fabbrica delle "rosse" uscivano dei modelli epocali come la GTO.

Certo, ai suoi dirigenti riuniti in quella sala il giorno dell'annuncio, lui offre una spiegazione più razionale, per cui le future GT sarebbero un veicolo pubblicitario formidabile per spingere al massimo il core business aziendale in un anno in cui, soltanto per i cartelloni stradali dei trattori, se ne andavano 50 milioni di lire. Ma volendo dar qualche credito all'ennesima leggenda, alla decisione di realizzare le anti-Fer-

La Ferrari 250 GTO, che passerà alla storia per la sua eleganza e le vittorie sportive.

ARCHIVIO PERSONALE TONINO LAMBORGHINI

Il grande stabilimento di Sant'Agata Bolognese ancora in costruzione.

rari sotto il segno del Toro non è forse estranea la canapa coltivata da decenni (e fino a poco tempo fa) nelle campagne della zona. I vecchi contadini ancora raccontano che, durante l'impollinazione, sopra i campi si diffondeva nell'aria un'impalpabile nube dorata dalle caratteristiche inebrianti.

Come che sia, la decisione di costruire vetture ad altissime prestazioni (ma affidabili, sicure e dalla personalità spiccatissima, per meglio differenziarsi dall'odiato rivale), apre un periodo di lunghi anni vissuti nel segno di una vera ossessione. La crisi verrà risolta solo con la presentazione della straordinaria Miura e con l'ingresso del marchio Lamborghini nel mercato mondiale del lusso.

Alla vigilia della campagna di guerra, tiene banco la ricerca del sito per la nuova fabbrica (e si tratterà di realizzare tutto in casa, eccetto carburatori, pistoni, cuscinetti

e qualche accessorio), oltre al saccheggio dei migliori tecnici e meccanici in circolazione: terreno di caccia soprattutto Ferrari, Maserati e Abarth. Ferruccio applica alla lettera il "metodo Ferrari", cioè portare via il meglio alla concorrenza, evitando lunghi e costosi apprendistati.

Nel febbraio 1963 mette gli occhi su un pezzo di terra nel comune di Sant'Agata Bolognese, 38 km a nord-est dalla capitale emiliana, verso Castelfranco Emilia e Modena: 20.000 metri quadri acquistati a sole 500 lire l'uno. È in questo ritaglio di pianura, a cavallo della via Emilia, che nasce la Automobili Ferruccio Lamborghini, terzo vertice del triangolo d'oro delle supercar con Maserati (Modena) e Ferrari (Maranello). Sarà una vicenda gloriosa e irta di ostacoli, che regalerà alla storia dell'auto modelli aggressivi e affascinanti com'è nel DNA del loro costruttore.

■ L'ASA 1000 GTC, "creatura" di Giotto Bizzarrini, durante una Coppa Intereuropa a Monza.

QUI COMINCIA L'AVVENTURA...

Da maggio 1963, la costruzione del nuovo stabilimento si conclude in autunno, venendo a costare 1 miliardo di lire, con pavimenti in maiolica e tecnologie all'avanguardia: da segnalare i macchinari automatizzati per la barenatura degli alberi a gomiti o i primi torni a controllo numerico. Intanto, la "caccia ai cervelli" ha già dato buoni frutti.

Presso la Neri-Bonacini (nota officina di Modena per autotelai, giusto davanti al vecchio aerautodromo) aveva trovato ospitalità l'ingegnere trentaseienne Giotto Bizzarrini, padre della sensazionale Ferrari GTO, reduce dalla famosa "cacciata degli otto" da Maranello (30 novembre 1961) e dalla recentissima (autunno 1962) partecipazione alla vicenda dell'ATS. Si era trattato, in quest'ultimo caso, del coraggioso tentativo di Giovanni Volpi, conte di Misurata, con Giorgio Billi e Jaime Ortiz-Patino (per non parlare dell'ingegner Carlo Chiti e altri) di costruire auto da granturismo e da corsa, ancora una volta delle anti-Ferrari.

In quell'inizio inverno del 1962, presso la struttura di Giorgio Neri e Luciano Bonacini, il Bizzarrini (estroso livornese, buon collaudatore oltre che eccellente progettista) sta lavorando all'assemblaggio dell'ASA GTC da competizione, che avrebbe dovuto esordire alla 12 Ore di Sebring l'anno seguente. Ma soprattutto ha nel cassetto il progetto di un motore V12 pensato per una vettura da F1: è il sogno, inappagato anche nel periodo ferrarista, del grintoso toscano.

Ne è al corrente l'attivissimo Corrado Carpeggiani, il sodale di Ferruccio, che, tra una vendita e l'altra di trattori

Lamborghini, frequenta l'officina in fondo alla via Emilia Est, come altri appassionati. È lui che racconta di Bizzarrini e del suo inedito propulsore a Ferruccio, che per telefono subito convoca a Cento il progettista. Sin dalla telefonata chiarisce che vuole però un V12 da granturismo: vettura "da autostrada" e per «andarci a spasso con la ragassa», come ricorderà il livornese in tante interviste.

Un padiglione dello stabilimento Lamborghini Automobili appena ultimato.

Il propulsore, "equilibrato e morbido", dovrà però avere una cilindrata di almeno tre litri e mezzo: cubatura da cui aspettarsi più cavalleria delle Ferrari stradali all'epoca in listino. Effettivamente, la serie 250 GT del Cavallino è ferma a 2953 cm^3 e a 240 CV. Occorrerà arrivare alla ultrasportiva LM del 1963 per toccare i 3285 cm^3 e 320 CV, e solo con la 330 GT del 1964 si arriverà a 300 CV di potenza, ma grazie a una cilindrata che sfiorerà i quattro litri.

Giotto Bizzarrini. Il livornese limiterà la sua collaborazione con Ferruccio Lamborghini alla consegna dei "lucidi" del V12 originario.

Giotto: toccata e fuga in V12

Ferruccio e Giotto, entrambi tipi sanguigni, autoreferenziali, per niente inclini al compromesso, non sono fatti per andare d'amore e d'accordo, ma come che sia, nel primo incontro a quattr'occhi un'intesa viene trovata.

Il contratto sancisce la richiesta di progettazione e realizzazione del prototipo di un V12 aspirato di 3500 cm^3 e 350 CV, da ultimare assolutamente entro qualche mese, a fronte di un onorario di 4 milioni e mezzo di lire: un terzo alla firma, il resto a fine lavoro. L'astuto costruttore lancia, d'istinto, la proposta al progettista di regolare il pagamento con alcuni suoi trattori (che gli ha appena mostrato orgogliosamente in un giro della fabbrica), idea respinta con sdegno dal toscano che sottoscrive però, con eloquente sicurezza, la clausola secondo la quale per ogni 10 CV al di sotto della quota di potenza prefissata vi sarebbe stata una detrazione dal compenso. Effettivamente, quando si tratterà di verificare al banco dinamometrico la vera entità della cavalleria (lo farà un gruppetto di tecnici di fiducia di Ferruccio, della Borgo e della Weber), si vedrà che si è sfiora-

ARCHIVIO PERSONALE TONINO LAMBORGHINI

Ferruccio indica il regime di rotazione previsto per il nuovo motore, 28 marzo 1963.

ta quota 360, anche se a oltre 9000 giri. Nel frattempo, la vicenda si tinge un po' di giallo: pare che Ferruccio abbia architettato un blitz presso l'officina dove Bizzarrini era solito lavorare al tecnigrafo, per impadronirsi dei famosi "disegni nel cassetto" e farne copie fotostatiche a proprio uso e consumo.

Certo è che questo fu il primo scontro serio fra i due personaggi, l'inizio di un conflitto che sfocerà in separazione vera e propria di lì a poche settimane: a metà luglio, non appena il motore inizia a girare al banco.

Con gli esecutivi pronti (i "lucidi" si devono ai fidati di-

Oliviero Pedrazzi, Paolo Stanzani, Giuseppe Bocchi e Achille Bevini al lavoro nella sala motori di Sant'Agata Bolognese.

segnatori tecnici di Giotto, Achille Bevini e Oliviero Pedrazzi, anch'essi ex Ferrari), il ritmo diventa febbrile: Ferruccio vuole presentare la "creatura" al Salone dell'auto di Torino, a fine anno. Fatti realizzare d'urgenza stampi e fusioni presso una piccola ma prestigiosa fonderia artigiana, alla Certosa di Bologna, il mastodontico V12 viene portato a termine nei tempi previsti.

Tutto in alluminio, con canne riportate in ghisa, registra un bel passo avanti sui propulsori Ferrari, grazie a preziosismi come il grintoso comando della distribuzione a bialbero (al posto del monoalbero per bancata, finora di casa a Maranello), all'alimentazione tramite sei carburatori doppiocorpo (invece dei tre, più tranquilli, quadricorpo, tipici delle "rosse" prima della GTO) e alla sportivissima lubrificazione a carter secco. Ma il progettista considera già espletato il compito e si rifiuta di rifinire il lavoro nonostante la richiesta del committente, proverbiale perfezionista pur affascinato da... quella doppia sfilata dei dodici cornetti d'aspirazione, che svettano orgogliosi verso l'alto.

Infatti lo sviluppo del progetto passa a Gian Paolo Dallara, giovane ingegnere raccomandato dallo stesso Bizzarrini, prima della sua partenza per la Iso Rivolta dove progetterà nuove granturismo, in attesa di mettersi in proprio per realizzare capolavori come la 5300 Strada.

TORI DI BIBLIOTECA

La primavera del 1963 è appena iniziata, e Dallara approda alla corte di re Ferruccio: assunto dalla neonata Lamborghini Automobili S.p.A. per 350.000 lire al mese, è

ARCHIVIO PERSONALE TONINO LAMBORGHINI

un occhialuto ventisettenne parmense. Riservato, silenzioso e capace quant'altri mai. Laureatosi a 23 anni in ingegneria aeronautica al Politecnico milanese, ha fatto le prime, preziose esperienze lavorative in Ferrari e Maserati. Anche lui, da grande appassionato di corse (si veda quanto di buono realizzerà nel corso degli anni, arrivando anche alla Formula 1), frequenta l'officina Neri-Bonacini. Il rapporto di Ferruccio col giovane tecnico è da subito improntato a grande fiducia e affetto, quasi un rapporto fra padre e figlio. Un po' come appena accaduto in Ferrari (dopo la citata "cacciata degli angeli ribelli" che aveva fatto tabula rasa della dirigenza) con l'improvvisa promozio-

Lo sviluppo del V12 di Bizzarrini passa al giovane Gian Paolo Dallara, in primo piano sulla destra.

ne di un giovanissimo Mauro Forghieri alla direzione tecnica, Dallara oltre all'incarico di perfezionare e sviluppare il prototipo del propulsore in vista dell'imminente esposizione torinese, si vede appioppare la piena responsabilità dell'Ufficio tecnico per la progettazione delle future GT del Toro. All'inizio e per alcune settimane, il lavoro di Dallara e colleghi (tra cui il fedelissimo di Ferruccio, Gianluigi Vecchi, ex trattori, e i citati Bevini e Pedrazzi, neoassunti) si svolge in una parte dello stabilimento di Cento, con tanto di grembiule bianco indossato per distinguersi

dalle "tute blu" addette alle macchine agricole. A fine maggio, con l'avvio della costruzione della fabbrica di Sant'Agata Bolognese, il reparto è spostato in un capannone in affitto (proprietario tale Mirko Luppi, inconsapevole del ruolo di comparsa toccatogli nella genesi di un mito) poco lontano, in via Modena al numero 12. Di fronte, un cartellone a lettere cubitali che dall'impalcatura di tubi Innocenti avvisa il colto e l'inclita: «Qui stabilimento Lamborghini Automobili». Ma, quando a metà luglio l'esuberante V12 a 60° da 3464 cm^3 (da cui la sigla 350 poi del-

Uno studio della carrozzeria della 350 GTV. Il risultato finale fu oggetto di severe critiche da parte degli addetti ai lavori.

ARCHIVIO PERSONALE TONINO LAMBORGHINI

la vettura) comincia finalmente a girare al banco, la scena si svolge nella nuova sala-prove motori, diretta da Roberto Frignani, dove i muratori sono ancora in attività.

Qui e adesso Ferruccio si convince che il carattere troppo corsaiolo del prototipo, destinato originariamente a una vettura da Formula 1, mal si adatta al normale uso stradale della nascitura 350 GTV. E infatti Dallara riceve l'incarico di disegnare una seconda unità più "addomesticata". Lo farà, ma in tempo soltanto per la 350 GT del 1964, secondo gioiello della Casa, sostituendo le camme originali (dal profilo troppo ripido) con altre meno scorbutiche, e adottando sei carburatori orizzontali Weber 40 DCOE al posto dei sei Weber 36 IDL1 verticali (più grintosi ma dai diagrammi troppo spinti), mentre la lubrificazione a carter secco (tipica dei motori da competizione) verrà sostituita da una a carter umido.

Nel frattempo, alla ricerca di un marchio-simbolo in dichiarata alternativa al cavallino rampante, Ferruccio si orienta subito sul toro, emblema del suo segno zodiacale, commissionando anche delle ricerche presso la biblioteca dell'Istituto di Zoologia, facoltà di Veterinaria dell'Università di Bologna, allo scopo di ricavare nomi di razze taurine da utilizzare per le future granturismo.

Paolo Rambaldi, tipografo, gli fornisce la figura di un toro all'attacco in una specie di veronica (mimesi della postura da torero) di colore giallo oro su sfondo nero. Dopo qualche tentennamento, iscritta all'interno di un classico scudetto tipo Ferrari o Maserati, viene approvata quale emblema della nuova Marca. Sarà utilizzata anche sui trattori, nella variante con toro nero in campo rosso.

GRANTURISMO O BATMOBILE?

Quanto al telaio, il compito è affidato a Dallara. Forte dei suoi studi a indirizzo aeronautico, egli disegna la struttura tubolare poi realizzata in acciaio, entro luglio 1963 (sigla ufficiale 0100), dalla solita officina Neri-Bonacini, al costo di 1 milione e mezzo di lire. Su di essa, dove spiccano le ruote a raggi Borrani e i pneumatici Pirelli Cinturato HS 205/15, si adotteranno ruote indipendenti anche per le sospensioni posteriori, davvero uno schiaffo a Ferrari, ancora fermo al ponte rigido dietro.

Il designer fiorentino Franco Scaglione con Nuccio Bertone (sulla Arnolt-Bristol 404 X spider) nei primi anni Cinquanta. Al genio visionario del primo si devono auto epocali come l'Alfa Romeo Giulietta Sprint e la straordinaria 33 Stradale.

La carrozzeria dell'inedito coupé a due porte e due posti è opera della semi-sconosciuta torinese Sargiotto, per 1,4 milioni di lire. Un lavoro un po' affrettato, con lamierati in acciaio e alluminio che scricchiolano nelle giunzioni, e una scarsa rifinitura generale. Le linee le ha tirate l'allora poco noto Franco Scaglione, un fiorentino coetaneo di Ferruccio ed ex disegnatore del Centro stile Bertone.

Gli esiti non sono apprezzati dagli addetti ai lavori (incluso il mensile "Quattroruote", nel dicembre 1963), per il mix apparentemente irrisolto di linee rette e curve. Inoltre, agli stilemi futuristici della livrea, specie nel frontale, viene addebitato un troppo esplicito riferimento al-

Alla presentazione della 350 GTV interviene Piero Taruffi (con i capelli bianchi e la giacca chiara), vincitore dell'ultima Mille Miglia.

la Berlinetta Aerodinamica Tecnica, la famosa BAT, presto rinominata Batmobile, realizzata da Bertone in tre versioni (1953-'54-'55) per Alfa Romeo, su meccanica 1900 C Sprint.

Ma tant'è, ormai il prototipo è terminato e l'importante per Ferruccio è avercela fatta: nell'arco di un solo anno è nell'empireo mondiale delle auto granturismo ad alte prestazioni. E finalmente, il 26 ottobre 1963, nel cortile dello stabilimento dei trattori di Cento (la fabbrica di Sant'Agata non è ancora pronta) va in scena la presentazione alla stampa dell'azzurrina 350 GTV, in anteprima sul Salone dell'auto di Torino che aprirà di lì a quattro giorni.

Inconfondibile la vista frontale della 350 GTV, la parte più criticata del lavoro di Scaglione.

Stemma e firma sul cofano-motore della 350 GTV, curiosamente posizionati disassati rispetto alla collocazione più usuale.

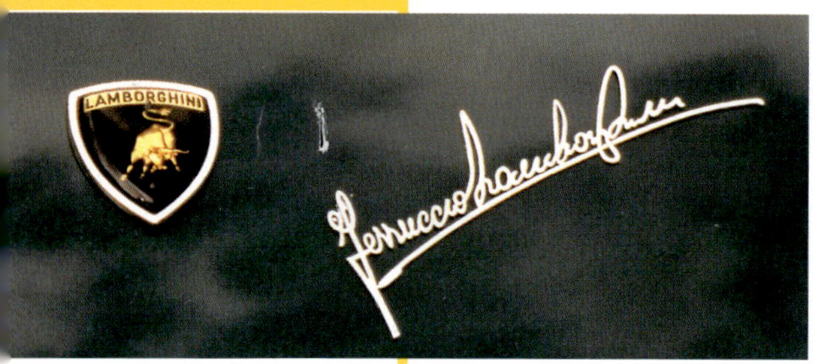

Non mancano i più bei nomi del giornalismo sportivo (valga per tutti quello di Giovanni Canestrini, uno dei quattro "moschettieri" della Mille Miglia, terminata sei anni prima), mentre l'aristocrazia tecnico-sportiva italiana è rappresentata da Piero Taruffi, la "volpe argentata" vincitrice proprio dell'ultima edizione della "corsa più bella del mondo". Ed è presente Antonio Lamborghini, che infine deve dar credito a quel figlio ormai quarantasettenne.

Ferruccio, l'orgoglioso anfitrione che aveva spudoratamente preannunciato la grande novità attraverso un articolo a pagamento, è in abito scuro e cravatta regimental. Al posto dell'eterna sigaretta, per tutto il tempo ha in mano una lunga matita, come la bacchetta del direttore d'orchestra. Ma non ci sarà alcuna marcia trionfale: le reazioni dei presenti sono decisamente tiepide e peggio andrà il 30 ottobre, all'esposizione torinese.

350 GTV o "Le nozze di Figaro"

Al Parco del Valentino, s'inaugura il Salone dell'automobile 1963. E la presentazione ufficiale di quel capo d'opera che è, comunque, la 350 GTV si risolve in un fiasco.

Così come (se è concessa l'analogia) all'infelice prima assoluta, a Vienna, delle mozartiane *Nozze di Figaro* seguì la trionfale seconda rappresentazione a Praga, il successo arriderà alla nostra GT di belle speranze soltanto alla seconda "uscita", nelle vesti della 350 GT.

Per il momento, invece, gli appassionati che affollano gli stand del Salone non capiscono quella strana vettura, avveniristica eppure americaneggiante, sul cui lun-

ghissimo cofano-motore campeggia (sulla destra della nervatura longitudinale!) uno scudetto con un toro scatenato, accanto a un fregio in metallo cromato (stile Touring Superleggera) con la firma in rilievo di Ferruccio Lamborghini. Per esteso, e sottolineata con orgoglioso imperio.

Certo, in molti ammirano i fari anteriori retrattili e la sequenza di ben sei terminali di scarico cromati che sbuca-

Salone dell'auto di Torino, 1963: presentazione ufficiale della 350 GTV. Ma non saranno applausi a scena aperta.

La 350 GTV oggi, un tesoro esibito con malcelato orgoglio dai fortunati proprietari a un raduno di auto d'epoca.

no, a tre a tre, non sotto la coda della vettura ma da apposite aperture nella parte posteriore della carrozzeria. Ma che nessuno speri di sentirne la musica, preceduta dal rassicurante ticchettio delle due pompe elettriche di alimentazione Bendix che riforniscono gli assetati sei carburatori doppiocorpo: la 350 GTV non ha alcun motore.

Sembra che Ferruccio, impagabile, abbia parlato di una rottura del cavo di apertura del cofano. Né si potrà verificare la bontà del cambio ZF a 5 marce o l'efficienza del differenziale Salisbury, per non parlare dei quattro freni a disco Girling servoassistiti.

In poche ore, la curiosità del pubblico lascia il posto alla più completa indifferenza e l'atmosfera è tale che, senza attendere la chiusura del Salone, un drappo nero viene disteso misericordiosamente sulla prima Lamborghini della storia, che la sera stessa verrà ritirata.

Facile a dirsi, la vettura non andrà in produzione. Dopo alcune prove e verifiche, rimarrà in un angolo della fabbrica di Sant'Agata Bolognese per una ventina d'anni finché, nel 1985, un appassionato bolognese la riporterà agli antichi, incompresi splendori, prima di imbarcarla per il Giappone, verso la collezione di un tycoon del Sol Levante.

E pensare che per lo stand torinese erano pronti i depliant pubblicitari, e un uomo di fiducia di Ferruccio era presente con in borsa ben cento contratti di vendita da compilare e sottoscrivere! Ora, mentre lo stabilimento è ormai terminato, occorre aggiustare drasticamente il tiro e puntare sull'erede designata della 350 GTV, la citata 350 GT: di nuovo è incaricato Dallara, che a giorni riceverà il supporto di un certo Paolo Stanzani.

61

■ 5 marzo 1964, Ferruccio nel suo ufficio di Sant'Agata Bolognese con un modellino della 350 GT.

Bob Wallace, venuto dagli antipodi

Il neoassunto dell'Ufficio progettazione, Paolo Stanzani, è un bolognese coetaneo di Dallara (entrambi sono del 1936) laureato in ingegneria meccanica presso l'Università di Bologna: tanto brillantemente da restare poi, per qualche tempo, a lavorare in facoltà come assistente del suo relatore, il professor Giuseppe Evangelisti, pioniere italiano dei calcolatori elettronici. E proprio fare calcoli (relativi a carrozzeria e meccanica) è la prima mansione di Stanzani a Sant'Agata Bolognese, dove sarà a fianco di Ferruccio fino all'uscita di scena del patron, oltre dieci anni dopo.

Stanzani mostrerà ben presto di avere i numeri per spiccare il volo verso vette più alte, come la Direzione generale del Toro (1968), mantenendo il ruolo di Responsabile tecnico che lo porterà a firmare anche il progetto della stupefacente Countach del 1971. Approderà infine, come Dallara, alla Formula 1 nella prima metà degli anni Novanta.

Infine, all'inizio del 1964, Ferruccio strappa alla Maserati un giovanotto alto quasi due metri, che ha mani buone con i motori e piede pesante (alla Mario Andretti, per intenderci): è Bob Wallace, viene dai dintorni di Auckland, Nuova Zelanda, da dove sta anche per partire a cercar fortuna in Europa un giovanissimo grande pilota, Chris Amon.

Sarà il magro, talentuoso Bob, "meccanico finito" con un ciuffo ribelle di capelli biondi tagliato con l'accetta, a "svezzare" su strada da par suo (è promosso collaudatore quasi subito da Ferruccio) le prime vetture del Toro. Per cominciare lavora sulla 350 GT a cui Dallara sta mettendo mano a

partire dalla meccanica della sfortunata 350 GTV. Dotato, come detto sopra, di camme e carburatori inediti e di lubrificazione a carter umido, il nuovo propulsore, pur mantenendo invariati la cilindrata di 3464 cm^3 e il rapporto di compressione (9,5:1), è depotenziato da 360 a 320 CV a 7000 giri: meno "cattivo" e meno soggetto a manutenzioni troppo frequenti. Segno esteriore della "normalizzazione",

Tardo autunno 1964: al Salone di Torino è presentato l'autotelaio della 350 GT, il primo vero modello del Toro.

Ferruccio presenta la 350 GT a Sant'Agata Bolognese: questa volta la stampa di settore accolse con entusiasmo la novità.

i terminali di scarico che passeranno da sei a quattro, raggruppati a coppie, nella versione definitiva della vettura.

Sul solito telaio tubolare progettato da Dallara (lievemente allungato nell'interasse) viene adottato un "abito" dalle linee più morbide e, soprattutto, meno avveniristiche di quelle della 350 GTV. Se ne fa carico la Touring di Felice Bianchi Anderloni.

La celebre carrozzeria milanese (la preferita da Enzo Ferrari prima del rapporto esclusivo con Pininfarina) ripropone sulla nuova GT Lamborghini gli stilemi di derivazione aeronautica che ne hanno creato la fama sin dal 1937. Era l'anno dell'introduzione della tecnologia Superleggera, secondo la quale «il peso è nemico, la resistenza all'aria un ostacolo». Il sistema, com'è noto, utilizza pannelli in lega leggera di alluminio fissati su un leggero traliccio di sottili tubi in acciaio al cromo-molibdeno (saldati ai longheroni dello chassis) tramite graffe invece dei tradizionali rivetti.

ARCHIVIO PERSONALE TONINO LAMBORGHINI

Restano invariati rispetto alla GTV lo sportivo cambio manuale a 5 marce della ZF, il differenziale della Salisbury, i quattro dischi-freno servoassistiti della Girling e le bellissime ruote in acciaio cromato a 72 raggi realizzate a Rho (Milano) da Carlo Borrani su licenza Rudge-Whitworth.

1964, Salone di Torino, presentazione della 350 GT. Per la maggioranza degli addetti ai lavori, il modello più equilibrato della Casa.

Juan Manuel Fangio, tester d'eccezione al volante della neonata 350 GT.

E A MARANELLO SI COMINCIA A TREMARE...

Così la 350 GT, prima vera Lambo, va in produzione di serie. Siamo verso l'estate del 1964, dopo una prima presentazione al XXXIV Salone di primavera di Ginevra e quella definitiva prevista nel tardo autunno a Torino.

Le piccole modifiche tra una e l'altra rassegna comprendono la rinuncia alla scritta posteriore 2+1 accanto alla dicitura Lamborghini 350 GT (riferita al posto singolo, dietro al guidatore e al passeggero). Tanto per cambiare, il prototipo verde scuro non è ancora in condizioni di andare in moto, per non parlare del prezzo di lancio indicato in 5.500.000 lire. Più o meno la cifra che serve per portarsi a casa due Jaguar E, lo splendido coupé della fabbrica di Coventry che da inizio 1961 turba i sonni degli appassionati.

Eppure la nuova vettura piace molto e si vende piuttosto bene: 120 esemplari, fino al 1966. E grazie ad essa, Ferruccio entra infine a pieno titolo del ristretto novero dei costruttori di GT di lusso ad alte prestazioni. Di sicuro, a Maranello qualcuno sta cominciando a preoccuparsi.

Ma in definitiva... perché piace questa macchina con il toro sul cofano-motore, che la rivista "Quattroruote", in controtendenza sulla stampa specializzata internazionale, continua a definire «poco armoniosa» (per esempio se paragonata alla coeva Ferrari 330 GT 2+2 di Pininfarina)?

A livello stilistico, il lavoro di Scaglione è stato ritoccato, eliminando le troppe stravaganze (soprattutto nella zona del muso) per equilibrare l'insieme, ora elegante e

aggressivo. La smussatura degli spigoli della coda ha permesso di ricavare un bagagliaio decente, ma la revisione della vetratura ha imposto la rinuncia ai deflettori laterali.

I 280 km/h di velocità massima dichiarati per la 350 GTV sono diventati i più realistici 250 km/h, che i primi clienti della 350 GT hanno modo di verificare di persona.

Se le maestranze della Lamborghini Automobili sono una ventina, non di più, il loro numero sale rapidamente. Nel 1964 escono soli 13 esemplari di 350 GT, poca cosa, ma si tratta di vetture destinate all'estero per promuovere l'esordio del nuovo, aggressivo marchio del Toro.

In una logica del continuo miglioramento del prodotto (questo è Ferruccio, uno che urla come un ossesso per un premistoppa montato male), nel 1965 il motore V12 da 3500 cm^3 è affiancato da uno da quattro litri (3929 cm^3) ma con la stessa cavalleria, per un ulteriore incremento di coppia ed elasticità monitorato da Dallara e Stanzani.

ARCHIVIO PERSONALE TONINO LAMBORGHINI

Sopra, la 3500 GTZ: il primo esemplare lo acquistò il marchese Gerini, concessionario della Marca.

A sinistra, gli interni della 350 GT; in produzione, il cruscotto verrà sovrastato da un volante Nardi in legno e duralluminio, al posto di quello "futuribile" della 350 GTV.

In questa fase, vanno a inserirsi i prototipi in due soli esemplari della 3500 GTZ e 350 GTS allestiti nel 1965: la prima, su disegno di Ercole Spada, è una due posti secchi realizzata dalla Zagato, la seconda una spider, con hardtop, firmata Touring. Nessuna delle due andrà in produzione. Forse per la scarsa incisività del progetto, nella coupé; forse, nel caso della spider, per il ridotto interesse di Ferruccio per le "scoperte", se pure così eleganti.

Enzo Ferrari con la 330 prima serie, sua vettura personale. La berlinetta di Maranello venderà, dal 1964 al 1967, ben 1080 esemplari, quasi dieci volte il totale della Lamborghini 350 GT.

IL TARLO DEL DUBBIO

In pieno start-up del progetto, Lamborghini si sente in mezzo al guado, con la corrente impetuosa degli eventi che rischia di travolgerlo. Il mondo intero, Maranello compresa, ormai sa di lui e delle sue vetture che stanno, se pur lentamente, facendosi largo sul mercato; eppure deve fare i conti con la dura realtà delle cifre economiche.

Le prime GT del Toro hanno un prezzo di vendita nettamente inferiore a quello di produzione: insomma, si vendono in perdita, e il break-even point resta un miraggio. Nemmeno a parlarne di colmare alla svelta l'esposizione bancaria (1 miliardo tondo tondo) per lo stabilimento di Sant'Agata Bolognese con i suoi pavimenti di maiolica e i macchinari a controllo numerico. Le vendite danno le prime soddisfazioni, ma ancora si fatica.

È qui che il Nostro capisce che per arrivare all'ammortamento veloce dell'investimento iniziale, nonché ai primi guadagni, occorre un nuovo "coup de théatre" per stregare l'ultra-selezionata clientela. A metà del 1965 è crisi aperta: non si esclude di salvare la baracca chiudendo il

ARCHIVIO PERSONALE TONINO LAMBORGHINI

settore auto. Ma alcuni mesi più tardi, le idee messe su carta da Dallara (con Stanzani a fare da supporto) riguardo a un nuovo, rivoluzionario modello, con il V12 piazzato pochi centimetri dietro il guidatore, sembrano prefigurare la definitiva affermazione.

Il propulsore collocato posteriormente, e in posizione trasversale, in una GT sembra un passo avventato. Ma è anche grazie a questo che, all'epoca, le Mini Cooper progettate da Alec Issigonis trionfano nei rally. La Lamborghini capace di far sognare il colto e l'inclita è a portata di mano, e sarà la chiave di volta per la soluzione di ogni problema. Si chiamerà Miura, e ci occuperemo a fondo di lei.

Raccontava tempo fa il figlio di Ferruccio, Tonino, in un incontro tra addetti ai lavori: «Mio padre era convinto che doveva tenere duro, perché il seme era stato piantato e avrebbe presto dato frutti molto buoni. Pensate che un giorno era a New York, e si spedì una cartolina intestata semplicemente "Lamborghini, Italia", che arrivò regolarmente a destinazione, con suo grande orgoglio».

Mentre le prime GT del Toro si affacciano al mercato fra innegabili difficoltà, la Lamborghini Trattori diventa leader del settore. I grandi mutamenti del panorama contadino italiano negli anni del boom economico favoriscono la sua ascesa.

UN MECCANICO PRESTATO ALLE CORSE
Intervista a Giotto Bizzarrini

Giotto Bizzarrini è stato il progettista del primo V12 Lamborghini. È nato il 6 giugno 1926 a Quercianella, a sud di Livorno, dove tuttora risiede.
Dopo la laurea in ingegneria meccanica alla Normale di Pisa, ha lavorato per marchi sportivi come Alfa Romeo, Ferrari, ASA, ATS, Lamborghini, Iso Rivolta e altri. Collaudatore esperto dei suoi modelli, ha "firmato" capolavori come la Ferrari 250 GTO o la Bizzarrini 5300 Strada.

Ingegnere, lo sa che Massimo Ceccarani, appena nominato, nel 1988, responsabile dell'Ufficio tecnico della Lamborghini Automobili ha dichiarato: «Il V12 di Giotto Bizzarrini è alla base dei nostri propulsori»?

Lo so, ma la mia collaborazione allo start-up del progetto delle GT del Toro fu una cosa solo temporanea, addirittura di pochi giorni. Avevo già pronti dei disegni di un V12 progettato più che altro per la mia voglia di occuparmi di un propulsore per la Formula 1, una cosa alla quale non avevo mai potuto dedicarmi a tempo pieno, neanche nel mio periodo in Ferrari.

Tra il V12 Lamborghini e quello della "sua" Ferrari GTO c'era qualche punto di contatto?

Non c'era alcuna somiglianza, a partire dal fatto che nel V12 Lamborghini adottai una moderna distribuzione a bialbero in testa al posto di quella più vetusta ad aste a bilancieri usata nella Ferrari.

Tornando al V12 che aveva "nel cassetto"...

Sì, questa unità motrice "nel cassetto" mi sembrò perfetta per quanto desiderava Lamborghini: dovetti soltanto, lavorando su alesaggio e corsa, portare la cubatura totale a tre litri e mezzo dagli iniziali 1500 cm^3.

Peccato che quel motore fosse nato per correre e non per andare per strada tutti i giorni...

Esatto. Ferruccio Lamborghini voleva un V12 di oltre tre litri di cubatura per una GT più potente e veloce delle coeve Ferrari, ma da utilizzare normalmente per strada, non certo in pista.

Così, a disegni ultimati, seguì la rottura immediata della sua collaborazione con Ferruccio Lamborghini, anche perché non è che lei e il costruttore foste proprio due affinità elettive.

Proprio così, tutto finì, come ho detto, nel giro di pochi giorni.

Ingegnere, lei sa che io me la ricordo bene ai box di Monza (alla metà degli anni Settanta, Coppa Intereuropa) esibirsi proprio con una delle sue rosse 5300 Strada in alcuni testacoda da fermo, neanche fosse Gilles Villeneuve?

Si vede che avevo ancora la Formula 1 sempre in testa, compresi... i suoi piloti. In effetti, anche l'esperienza con la Lamborghini non mi aveva certo permesso di soddisfare questa mia esigenza profonda. Al riguardo, devo dire che ne ho un rammarico profondo, anche se con me il costruttore era stato chiaro fin dall'inizio: niente motori da corsa ma un V12 da almeno tre litri e mezzo di cubatura adatto a una granturismo tipo Ferrari. Insomma, una vettura da autostrada.

QUATTRO LITRI PER QUATTRO POSTI

■ I lussuosi interni della 400 GT. La variante 2+2 fu preferita dal mercato rispetto alla due posti secchi.

■ Nella pagina a fronte: una 400 GT. In evidenza gli eleganti stilemi caratteristici della Touring Superleggera, la prestigiosa "manifattura carrozzaria" milanese.

Nel frattempo, 1967, va in listino la 400 GT (presentata a Ginevra già nel marzo 1966), ulteriore tappa di un work in progress alla ricerca del miglioramento del prodotto.

Mentre si perfeziona la filiera produttiva, a suon di controlli di materiali e lavorazioni effettuati con macchinari sempre più all'avanguardia, la nuova V12 adotta il motore da quattro litri già visto sulla 350 GT "maggiorata". La potenza è sempre di 320 CV, il rapporto di compressione è fermo a 9,5:1, ma alla consueta grinta del propulsore si è aggiunta un'inusitata elasticità di marcia, e grazie all'aumento della cubatura, la punta velocistica dichiarata sale a 260 km/h. Finalmente, anche il cambio (pur con sincronizzatori Porsche, di cui è ben nota la "funzione sordina") e il differenziale sono realizzati dalla Casa.

Sul solito telaio tubolare derivato dall'originario Neri-Bonacini, la Touring, in uno dei rari interventi di restyling della carrozzeria, è riuscita a ricavare due posti posteriori di fortuna: è la variante 2+2, molto più gradita dalla clientela del modello base a due posti secchi. Gli interni sono lussuosi, anche se ancora perfettibili, con la pelle che regna dappertutto tranne che sulla plancia, dove è adottata della pegamoide nera opaca.

Auto silenziosa e comoda perfino nei lunghi viaggi, risulta decisamente originale con quelle sue linee rimaste "fuori dal coro", pervicacemente estranee agli stilemi dei grandi, celebrati carrozzieri di casa nostra, da Pininfarina a Bertone, da Ghia a Vignale. La 400 GT si venderà al prezzo di 6.670.000 lire in 273 esemplari realizzati lungo tut-

ZA 072YV

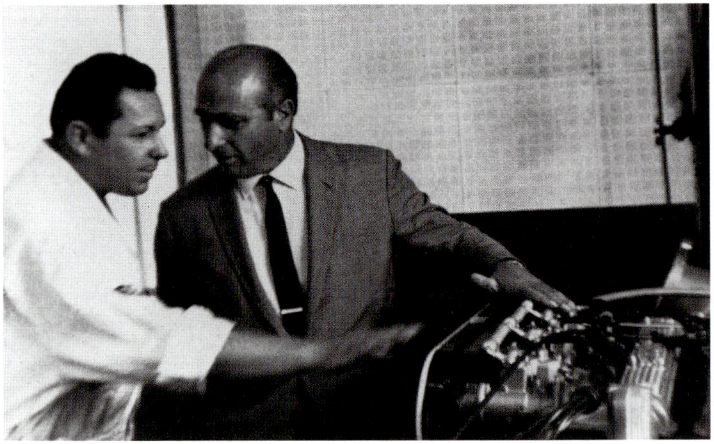

ARCHIVIO PERSONALE TONINO LAMBORGHINI

Juan Manuel Fangio e il motorista Roberto Frignani provano il V12 della 400 GT.

to il 1967 (gli ultimi 3 a inizio 1968): risultato dignitoso, ma ancora lontano dalle grandi cifre risolutive.

"Quattroruote", in una prova su strada del luglio 1967 (la prima dedicata a un modello di Sant'Agata Bolognese), non manca di stigmatizzare le "disarmonie" nella linea, pur definendola «personale e inconfondibile».

Alla luce del lungo test, si lodano la maneggevolezza e la tenuta di strada (bagnato compreso) e la «straordinaria dolcezza del funzionamento del motore», anche se le prove cronometriche attestano una velocità massima di "nemmeno" 248 km/h, ben sotto i 260 km/h vantati dalla Casa. Fra gli optional, si elencano l'autoradio e i fari allo iodio, le cinture di sicurezza e, al posto delle ruote a raggi Borrani di serie, gli stupendi cerchi Campagnolo fusi in elektron (lega di magnesio) e con gallettone centrale ad alette adottati dalla Miura, l'oggetto del desiderio già in produzione da alcune settimane.

Con la consueta precisione, la rivista elenca poi le tinte della "tavolozza": rosso Alfa, amaranto, grigio argento, grigio medio, grigio Saint-Vincent metallizzato, verde scuro, biancospino e azzurro.

Aspettando la Miura

Intanto, nel giugno 1966 è pronto il prototipo della due posti Monza 400, progettata e realizzata dalla già più volte coppia Giorgio Neri e Luciano Bonacini.

Si tratta di un modello dichiaratamente corsaiolo, alleggerito al massimo (la carrozzeria è tutta in alluminio) e con interni molto spartani. La linea affusolata del rosso bolide non piace molto agli addetti ai lavori perché, pur moderna, ricalca troppo quella della Nembo (dall'acronimo dei cogno-

ARCHIVIO PERSONALE TONINO LAMBORGHINI

Monza 400, realizzata da Neri e Bonacini: gli interni e la lavorazione della carrozzeria.

ARCHIVIO PERSONALE TONINO LAMBORGHINI

ARCHIVIO PERSONALE TONINO LAMBORGHINI

Monza 400. La berlinetta sportiva modenese fu oggetto di critiche per lo squilibrio stilistico fra avantreno e retrotreno.

mi dei progettisti, con in mezzo l'iniziale di Modena), una spider appena costruita in tre esemplari su base Ferrari 250 GT. Curiosamente, anche stavolta, la bella "presa d'aria" sulle fiancate è... finta, avendo solo una funzione decorativa.

Prodotta su richiesta di un miliardario texano, la Monza 400 non andrà mai in produzione, ritornando nell'aprile 1967 dagli USA in Europa per finire (e scomparire, almeno fino a oggi) nella collezione di un appassionato spagnolo.

Ancora nel 1966, vede la luce il prototipo di un altro modello (su meccanica della 400 GT) che resterà esemplare unico. È la 400 Flying Star II, opera della Touring (come del resto la prima Flying Star del 1931, su base Alfa Romeo 6C 1750), nata per sintetizzare in un'unica vettura le prestazioni di una granturismo e quelle di un veicolo da trasporto (insomma, di una "station wagon" ante litteram).

Presentata ufficialmente al Salone di Torino di fine anno, la novità del Toro già prima era visibile nella sede di via Ludovico di Breme 65 della famosa carrozzeria milanese.

La linea innovativa è tutta caratterizzata da spigoli, con due enormi, incredibili scudi in plexiglas a forma di trapezio scaleno (per di più non euclideo) a proteggere i doppi fari anteriori. La livrea è color argento. Esportata in Francia, ora la vettura fa parte di una collezione in Inghilterra, a testimoniare l'ultimo lavoro di una "manifattura carrozzaria" senza pari: il 31 dicembre 1966, infatti, la Touring chiuderà i battenti per fallimento.

Queste esercitazioni lasciano il tempo che trovano nella storia delle supercar Lamborghini, perché qualcosa di infinitamente più importante bolle in pentola già dall'anno prima: da quei giorni infuocati e senza ferie dell'agosto 1965 in cui i due dioscuri (Dallara e Stanzani) di Sant'Agata Bolognese hanno mostrato, un po' timorosi, a un Ferruccio in crisi i primi abbozzi (cui ha messo mano anche Bob Wallace, ventisettenne) dell'idea-sogno Miura.

ARCHIVIO PERSONALE TONINO LAMBORGHINI

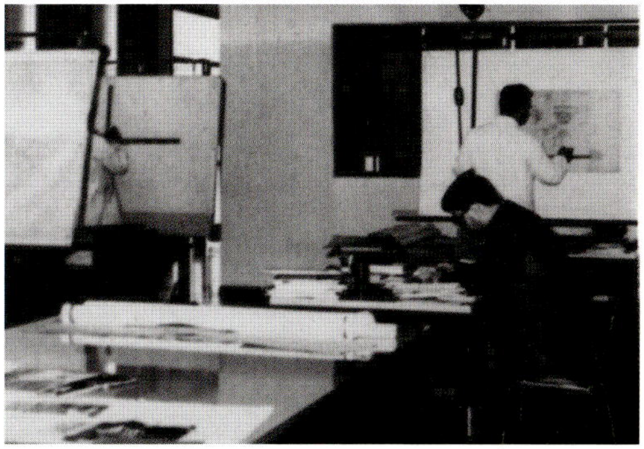

Fra i protagonisti assoluti della splendida avventura aziendale del Toro, è Gian Paolo Dallara (qui ancora nei locali dell'Ufficio tecnico della Lamborghini Trattori).

Una Flying Star II, estremo prodotto della Touring.

■ Il francobollo dedicato alla Miura nel 2007 da Poste Italiane.

■ Sopra e nella pagina a fronte: la supercar del Toro a V12 posteriore trasversale presentata ufficialmente a marzo 1966 al Salone di Ginevra.

MIURA: LA "CREATURA", IL PADRE E UN SARTO D'ECCEZIONE

Nessuna granturismo ad alte prestazioni ha mai colpito l'immaginario (e non solo degli appassionati di auto) come la Miura. Non la strepitosa Ferrari GTO, non la maestosa Ferrari Daytona, non la Jaguar E (secondo Enzo Ferrari "la più sexy"), non la grintosa Bizzarrini 5300 Strada, non la straordinaria Iso Grifo da 7000 cm^3, non la selvaggia Pantera De Tomaso.

Nel 2006, a quarant'anni di distanza, l'hanno festeggiata in Casa con una concept car dall'identico nome. Nel 2007, le hanno dedicato un francobollo in 3,5 milioni di esemplari. Nel 2966, forse, qualcuno celebrerà il suo indimenticato esordio, mille anni prima, ricollocandola fra altre grandi icone del buon tempo andato (fra Dante, Leonardo, Mozart e Maradona). Per lei hanno versato fiumi d'inchiostro: favolosa, mitica, epocale, rivoluzionaria, un assoluto incontestabile. "Lei" ha meritato tutto questo perché era bella, la più bella di sempre. Ma è tempo di tornare a questa favola moderna.

Correva l'anno 1965, quando al 47° Salone dell'auto di Torino, dal 3 al 14 novembre, nello stand Lamborghini veniva esposto l'autotelaio privo di carrozzeria, completo di meccanica, del prototipo PT400: Posteriore Trasversale 4 litri.

Monoscocca in acciaio scatolato, alleggerita qua e là da fori di varia grandezza, è una presenza incongrua fra le nuove vetture "vestite" e rifinite già in ogni dettaglio. Per fare un esempio, nello stand Pininfarina l'appassionato di

■ Il primo chassis della Miura, 1965. Nel gennaio 2009, migrerà a San Diego (California), da Joe Sackey e Gary Bobileff: il secondo, titolare della Bobileff Motorcar Company, è il più famoso restauratore della Marca.

ARCHIVIO PERSONALE TONINO LAMBORGHINI

■ Nella pagina a fronte, in alto: il carrozziere e designer Nuccio Bertone (1914-1997).

■ Nella pagina a fronte, in basso: operai Lamborghini al lavoro sul primo prototipo della Miura nell'ottobre 1965.

auto sportive può ammirare il capolavoro firmato da Aldo Brovarone per Alfa Romeo, la Giulia Sport Tubolare coupé speciale due posti... E nonostante questo, in molti si fermano davanti alla "cosa" giunta da poche ore da Sant'Agata Bolognese, ma le reazioni, di fronte a tanta esibizione che "sa di aeronautica", non sono di grande entusiasmo e tendono all'indifferenza, alla perplessità, al dubbio. Chi scrive, allora un diciassettenne alla sua prima rassegna motoristica, oltre alle maestose volte di Pier Luigi Nervi in quel Palazzo delle Esposizioni al Valentino ancora ricorda le gomme, assurdamente esili, montate sulla scocca.

Poi, verso la mezzanotte del primo giorno, pochi minuti dopo la chiusura, a occhi spalancati di fronte alla novità è un cinquantunenne torinese, elegante, stempiato, in compagnia della moglie: di nome fa Giuseppe Bertone, ma tutti lo conoscono per Nuccio. È il carrozziere di Grugliasco, Torino, già responsabile di capolavori dell'Italian Style: l'Alfa Romeo Giulietta Sprint, l'ASA 1000 GT (coupé e spider), l'Alfa Romeo 2600 Sprint e l'Iso Rivolta GT300. Questo designer straordinario è allievo di uno stilista come Mario Revelli di Beaumont (che proprio a Grugliasco morirà nel 1985), un pittore alla Donnino Rumi che portò in Italia lo stile "flamboyant", ricco di forme sinuose, volte a enfatizzare il senso di velocità, movimento, penetrazione aerodinamica.

A Nuccio, il grande che non ha mai legato troppo con Enzo Ferrari, "vestendone" tre soli modelli (166 Cabriolet 2+2, Dino 308 GT-4 e 208 GT-4), un Ferruccio decisamente intimidito, ora che lo vede in piedi di fronte alla sua nuda "creatura", azzarda: «Me la vuol vestire lei?».

La risposta di Bertone, ancora "attonito" per la novità,

come avrà poi modo di ricordare, non può che esser positiva, tanto più che a dirigere il suo Centro stile è arrivato da qualche settimana (il 1 novembre, in coincidenza con la partenza di Giorgio Giugiaro per la Ghia) il ventisettenne Marcello Gandini, stilista ancora sconosciuto ma già con i segni rivelatori di chi, con la matita, pensa alla grande e ha una sua visione. Per Nuccio non ci sono dubbi: sarà lui (a cui poi farà disegnare capolavori come l'Alfa Romeo Montreal e la Lancia Stratos) ad occuparsi della Miura. Il modello di stile fu ultimato, come dichiarato dallo stilista, esattamente alle ore ventidue del 24 dicembre 1965.

■ A destra, la Ford GT40 che ispirò il progetto della Miura.

■ Sotto, lo squadrone delle Ford GT40 trionfatrici alla 24 Ore di Le Mans nel 1966.

Con un occhio (anzi quattro) alla Ford GT40

Alla mezzanotte di quel 3 novembre 1965 si apre un incredibile rush finale, durato 4 mesi, fatto di sforzi frenetici per arrivare a esporre la nuova vettura, ancora senza nome, al Salone di Ginevra che apre ai primi di marzo 1967.

Ricorda Stanzani le giornate di 24 ore, domeniche incluse: lavoro entusiasmante, appassionato, tenace, all'insegna del "provando e riprovando". In gioco, e forse loro stessi non lo sanno, non c'è solo il futuro di una piccola fabbrica ancora semi-sconosciuta. Si tratta di riscrivere il futuro delle auto da granturismo all'italiana, terreno imprevedibile dove in tanti si sono dovuti arrendere (si veda quel che da poco era accaduto all'OSCA Maserati di San Lazzaro di Savena, Bologna). Fra l'altro, in Casa Lamborghini ci sono da risolvere ancora dei dubbi di natura "politica" su quello che sarà il modello prossimo venturo.

Ferruccio è stato chiaro come sempre: non vuole un'auto da corsa con la targa, ma una GT velocissima e pure silenziosa, comoda, ben rifinita. Certo sarà un obiettivo difficile da raggiungere.

Dallara, in coppia con Stanzani, intanto ha già adocchiato, oltre alla Mini Cooper, la bellissima Sport Prototipo della Ford: la GT40 presentata nel 1964, la belva che do-

minerà Le Mans alla 24 Ore del 1966, bissando nel '67. Così, il progettista, abbandonate le precedenti formule a traliccio tubolare con motore anteriore longitudinale, disegna quella leggera ma robusta struttura in acciaio "a cassone". Basata su un grande trave centrale e due longheroni scatolati laterali uniti da raccordi di rinforzo, e ovviamente dal pavimento, ha poi altri due elementi scatolati a forma di trapezio, che si protendono davanti e dietro fino ai punti d'attacco delle sospensioni. Lo spessore della lamiera (stampata, piegata e saldata) è di 8/10 ma diventerà di 12/10 a fine 1967 per aumentare la rigidezza torsionale e flessionale del complesso, mentre l'interasse di 2460 mm passerà a 2500 mm andando in produzione.

Il motore è dietro: in posizione posteriore-centrale, ma come ben si sa (e a differenza di quanto accade sulla Ford) è montato trasversalmente. Ciò si è reso inevitabile per mantenerlo all'interno dell'assale posteriore, per ottenere

Con o senza carrozzeria, colpisce il poderoso propulsore della Miura, un quattro litri di cubatura con distribuzione a bialbero in testa per bancata.

La posizione del V12 alle spalle di pilota e passeggero era causa del riscaldamento "africano" dell'abitacolo, un problema snobbato dai lamborghinisti puri e duri.

una distribuzione più accentrata possibile dei pesi, anche se ciò implica che solo pochissimi centimetri (comprensivi degli 8 mm della lastra in plexiglas, come paratia antirumore e anti-calore) separeranno l'unità motrice dall'abitacolo. Da qui i mai risolti problemi di una sauna, non richiesta, a bordo; e a poco varrà il condizionatore optional.

Per gli stessi motivi (pesi al centro, evitando deleterie masse a sbalzo), la campana di cambio e frizione, oltre al differenziale (entrambi progettati ex novo da Dallara), è accorpata al blocco motore con una fusione unica in lega leggera, irrobustita da vistose nervature: ovviamente, il cambio è parallelo all'albero a gomiti.

Il propulsore è il V12 da quattro litri, a bialbero per ogni bancata, della 400 GT, sottoposto ad alcune modifiche. La più importante riguarda i carburatori, con la doppia batteria di sei Weber orizzontali 40 DCOE sostituita da quattro Weber triplocorpo verticali 40 IDA 3C, così da ottimizzare l'alimentazione tramite i nuovi condotti d'aspirazione: per evidenti ragioni di praticità, i grintosi cornetti "liberi" del prototipo torinese ricevono ora un antiestetico ma efficiente filtro dell'aria.

L'esito finale si traduce in una potenza massima di 350 CV, senza variare il rapporto di compressione (sempre a quota 9,5:1). Il radiatore orizzontale del prototipo che esordì a Torino diventa ora verticale per migliorarne il raffreddamento, con tanto di doppia ventola per guadagnare in efficienza; ma è posto molto in basso, per assicurare la linea ultra-ribassata del cofano anteriore.

Sui primi tre esemplari il senso di rotazione dell'albero motore (guardando l'unità motrice da sinistra) è antiorario:

a partire dal quarto, invece, l'albero lavora in senso orario e ciò garantirebbe, senza ulteriori spiegazioni a noi note, una migliore "omogeneità" di movimento del sistema.

Curioso è anche l'esperimento, subito abbandonato, di ammorbidire l'azionamento del cambio a 5 marce attraverso un complicato e costoso sistema idraulico-attuato (dunque non a rinvio meccanico), mentre la frizione di partenza Borg & Beck a tre dischi multipli diventa ben presto monodisco, a secco e con comando idraulico.

Per quanto riguarda la "ciclistica", le sospensioni restano a ruote indipendenti, con molle elicoidali e ammortizzato-

L'incredibile doppia sfilata dei cornetti d'aspirazione dei carburatori Weber 40 IDA 3C: l'indispensabile filtro dell'aria nasconderà in parte il loro fascino corsaiolo.

La linea della Miura, per ammissione di Marcello Gandini, prende ispirazione dalle vetture Sport Prototipo dell'epoca.

ri telescopici: davanti e dietro, i bracci triangolari e la barra stabilizzatrice antirollio la dicono lunga sui riferimenti corsaioli del modello. I freni sono ancora i quattro dischi Girling della 400 GT: l'idea di sostituirli con gli autoventilanti Dunlop (come sulla coeva Ferrari 365 GT California) viene frustrata dalle voci di un imminente ritiro di questa marca dal settore. Le ruote che sull'autotelaio di Torino erano le classiche cromate a raggi prodotte da Borrani, cedono ora il posto ai cerchioni in elektron (7Jx15) della Campagnolo, già montati come optional sulla 400 GT.

Un impegno "matto e disperatissimo"

Non servono troppe settimane, a questo ritmo infernale, per terminare l'assemblaggio. Ma ora si pone il problema dei problemi, l'incognita vera. Con quale spirito il carrozziere torinese interpreterà il tutto, alla luce delle raccomandazioni di Ferruccio? Ovviamente, prima di mandare a Grugliasco l'autotelaio da rivestire, occorrerà vedere il figurino dell'"abito" proposto. Ed ecco che alla fine delle vacanze di Natale 1965, arriva Bertone con un primo schizzo, siglato in basso, con malcelata nonchalance, da Gandini. Piace subito, ed è approvato senza modifiche.

Piace quella linea d'avanguardia in anticipo di anni sulla concorren-

za, elegante ma aggressiva, avveniristica senza essere gratuitamente futurista. Al riguardo, visto il felice esito del primo lavoro del duo Bertone-Gandini, qualcuno parlerà addirittura di "sezione aurea". Non sappiamo se i due abbiano voluto riproporre al committente la lezione dei Greci del secolo di Pericle sui rapporti di divino equilibrio trasmessi poi a tutta l'arte classica (e, si sostiene, perfino alla pittura di Piet Mondrian nel XIX secolo)...

Il parere di chi scrive è che un tale esito si era verificato fino ad allora solo con la Cisitalia 202, la "scultura semovente" esposta al MOMA di New York. Capiterà, in seguito, con l'Alfa Romeo 33 Stradale disegnata da Franco Scaglione e con la Ferrari Dino "scolpita" da Leonardo Fioravanti.

Con la modestia del genio, Gandini ricorderà poi come per la Miura non si fosse ispirato ad altro se non alle vetture sportive degli ultimi due decenni, in una sintesi di estrema innovazione ma non di rottura con gli stilemi del-

■ Nel bel "trasparente", la Miura esibisce i suoi segreti: due posti secchi con motore posteriore-centrale trasversale, un'idea presa dalla famosa Mini Cooper di Alec Issigonis.

ARCHIVIO PERSONALE TONINO LAMBORGHINI

Ferruccio con l'allevatore Edoardo Miura in Andalusia.

Nella pagina a fronte: nella fabbrica di Sant'Agata Bolognese, le linee di montaggio della Miura passarono presto da una a due.

l'epoca. Sta di fatto che quando Lamborghini ha finalmente per le mani quel disegno esclama, da bolognese acquisito: «Sòcmel! Con questa qui entreremo nella leggenda!».

È qui e ora che il Nostro si rende conto che la sua "creatura" cambierà per sempre le regole del gioco, e che la sfida impossibile con l'uomo di Maranello sta per essere vinta. Risultato non meno importante, la ricerca dell'identità di marchio del Toro è finita. Anzi, ne è derivato un carisma in grado di gareggiare con la "sacralità" del Cavallino. Tanto che è lecito pensare che la Daytona del 1968 sia il tentativo di Ferrari di recuperare in qualche modo il gap, diciamo così generazionale, che si è creato.

L'autotelaio viene spedito in tutta fretta alla carrozzeria torinese. Lì è utilizzato per arrivare, attraverso la classica filiera produttiva dell'epoca con il mascherone di legno a fare da dima, alla realizzazione del primo "abito" del neonato modello (tutto in acciaio tranne i due cofani in alluminio), appena in tempo per la trasferta a Ginevra.

Intanto, la nuova Lambo ha trovato il nome: è Miura. Deriva da quello di una famosa razza di tori da combattimento (la più cattiva, a sentire il citato marchese Gerini) allevati in Andalusia a Tablada, vicino a Siviglia, da Edoardo Miura, un hidalgo con gli stessi tratti del viso del dittatore spagnolo Francisco Franco.

Quanto allo storico chassis, quei 75 kg di storia dell'automobilismo, è noto che, una volta tornato a Sant'Agata Bolognese, vi è rimasto fino al 1978, quando ha preso la strada per Cipro, acquistato dal concessionario locale Lambo, Marios Kritikos, invaghitosene l'anno prima durante una visita a Sant'Agata Bolognese.

P R O T A G O N I S T I ■ MALATO DI CORSE

Intervista a Gian Paolo Dallara

Gian Paolo Dallara nasce a Varano de Melegari (Parma) il 16 novembre 1936. Dopo la laurea in ingegneria aeronautica (1969), viene assunto in Ferrari: è lì che, per sua ammissione, dopo l'incontro con Carlo Chiti si ammala del morbo delle corse. Passa alla Maserati (1961) e quindi alla Lamborghini Automobili, dove è protagonista, fino al 1968, dello start-up della Marca. Sul finire degli anni Sessanta è in De Tomaso, dove inizia a dare sfogo alla sua passione per le competizioni. Nel 1972 fonda l'originaria Dallara automobili da competizione, prima tappa di una fortunata e ininterrotta carriera di costruttore.

Ingegner Dallara, quali furono le principali modifiche che Lamborghini le fece apportare al V12 originario di Bizzarrini?

Come è noto, era un motore di ispirazione corsaiola, così che fu necessario trasformarlo per un suo utilizzo su una vettura stradale. Intervenimmo sui carburatori (da verticali a orizzontali), sulla distribuzione (che girava troppo in alto), sulla lubrificazione (mettemmo una coppa dell'olio mentre prima il sistema era a carter secco) e altro.

Un giudizio su quel propulsore?

Il lavoro di Bizzarrini era stato magnifico: basti pensare che quando lo facemmo girare al banco, già il primo giorno segnava circa 350 CV.

Conferma la sua famosa opinione che Ferruccio non fosse per principio contrario all'ipotesi di far correre le sue vetture?

Sì. Le sue remore erano soltanto di ordine pratico: non c'era mai tempo, né risorse umane sufficienti, per pensare ad altro che non fosse lo sviluppo della produzione. Un giorno mi mandò addirittura a seguire la 24 Ore di Le Mans per tenerci aggiornati sull'argomento...

A livello tecnico, chi era veramente Ferruccio?

Era un tecnico con un incredibile senso innato della meccanica, e non limitato al discorso automobile. Aveva il senso dell'ordine che deve esserci in un'officina, dell'attrezzatura che ci vuole, della sua organizzazione. Inoltre, istintivamente, di ogni componente della filiera produttiva sapeva valutare alla grande la problematica a livello di industrializzazione.

E dal punto di vista umano?

Dava molta fiducia. Era anche molto orgoglioso, tanto che l'ambiente dei Saloni era diventato il suo terreno preferito per rapportarsi con gli altri.

A sinistra, la "b" di Bertone. Sotto, la Miura (qui in versione S, al classico concorso Villa d'Este) esibisce tutta la sua malia: l'altezza della vettura è di soli 105 cm.

Nella pagina a fronte: Ferruccio Lamborghini e Nuccio Bertone con la Miura P400 al Salone di Ginevra del 1966.

L'UFO ROSSO-ARANCIONE DI GINEVRA

Al vecchio Palais des Expositions di Ginevra, ai primi di marzo 1967, la Lamborghini Miura P400 è esposta in uno sconvolgente rosso-arancione pastello, molto brillante. Ed è subito leggenda.

Quella splendida automobile stradale, che dai suoi 980 kg di massa trasuda velocità anche da ferma e pare oscurare tutte le altre che ha attorno (compresa la neonata Alfa Romeo Spider 1600, il famoso Duetto a breve co-protagonista del film *Il laureato*), ha un'altezza da terra di soli 105 cm: insomma il tetto è a poco più di un metro dal suolo... per lo stupore di appassionati e addetti ai lavori.

Attorno ai fari anteriori, retrattili, ha delle ammalianti ciglia nere (sui primi tre prototipi si muovono con essi, quando si alzano basculando, poi diverranno solidali alla carrozzeria), mentre il lunotto posteriore consiste in un anonimo pannello di plexiglas chiaro, con il V12 in bella vista. Presto arriverà la definitiva, famosa copertura con griglia con alette, una "veneziana", nera anch'essa. Oltre alla "b" di Bertone sulle fiancate, è presente la "firma" segreta di Gandini: il prediletto motivo grafico a esagono della griglia-presa d'aria a nido d'ape, sotto i fari posteriori.

La velocità massima dichiarata sui depliant di presentazione è di circa 280 km/h, che ne fa la regina assoluta della rassegna elvetica e l'auto stradale più veloce al mondo.

Fioccano le prenotazioni e un'ennesima leggenda parla di quota 170 raggiunta nei pochi giorni dell'esposizione. Poi tutti a casa, per iniziare il lungo e imprescindibile la-

voro di perfezionamento del prototipo da industrializzare, per farne una vera supercar, sicura e affidabile, impeccabile sotto ogni aspetto. È un impegno comune assunto da Sant'Agata Bolognese e Grugliasco, un patto d'intenti per cui tutti sono consci di dedicarsi a qualcosa di particolare: il potenziale di sviluppo della Miura è enorme e il tetto massimo di 50 esemplari preventivati da Ferruccio e Nuccio è già un dato da rivedere al rialzo.

Mentre i primi tre prototipi sono affidati alla quindicina di addetti dell'Ufficio tecnico della Lamborghini e man mano sottoposti alle modifiche citate (viene anche rialzato di 1 cm il tetto, e abbassati della stessa misura i sedili),

ARCHIVIO PERSONALE TONINO LAMBORGHINI

un paio di mesi dopo Ginevra il primo esemplare, nel suo caldo e spiazzante rosso-arancione che gli addetti ai lavori chiamano già "arancio Miura", è a Montecarlo in occasione del GP di Formula 1, domenica 22 maggio 1967.

Parcheggiato il sabato sera davanti all'Hotel de Paris, nella piazza del Casinò, riceve la visita di centinaia di appassionati e VIP (per esempio, Jackie Stewart, poi vincitore del GP su BRM, e John Surtees). La vuole guidare anche Ranieri di Monaco, dopo che Bob Wallace ha portato sul circuito monegasco, prima della gara, il veterano Louis Chiron, trionfatore per ben cinque edizioni.

La spedizione a Montecarlo è un gran colpo pubblicitario, che accresce l'ammirazione per la nuova Lambo e l'attesa per il suo arrivo nelle concessionarie.

Ferruccio si aggira instancabile per lo stabilimento (sta per partire anche la produzione dell'eccellente 400 GT), spronando tutti a dare il massimo nell'affinamento della sua ultima "creatura", di cui dice convinto che «è la donna più bella del mondo». Appena può, affianca Wallace alla guida di uno dei tre prototipi nei pericolosi collaudi stradali nel tragitto San Giovanni in Persiceto-Crevalcore-Formigine, fiondandosi fuori dal cancello del Reparto esperienze. Questi due indemoniati, tesi allo spasimo nell'abitacolo che sembra un cockpit (di provenienza aeronautica sanno pure i comandi piazzati in alto, sul padiglione), non mancheranno di provocare qualche incidente sfrecciando sulle strade "bianche" della Bassa Padana...

ARCHIVIO PERSONALE TONINO LAMBORGHINI

■ Ferruccio Lamborghini con la sua Miura personale.

■ Nella pagina a fronte, in alto: la vista posteriore inconfondibile della Miura, qui in versione S.

■ Nella pagina a fronte, in basso: la Miura a Monaco desta l'ammirazione di un grande pilota, John Surtees (con il giaccone scuro).

UN FENOMENO PLANETARIO

■ Due star della musica leggera con la Miura: qui sotto, la cantante inglese Sandie Shaw; a fronte, il cantante francese Johnny Halliday.

La versione definitiva della Miura P400, al Salone di Parigi di quell'anno, parte dal quarto esemplare ed entra in catena di montaggio (la n. 1 delle due che le verranno dedicate) nel giugno 1967. Entro l'anno ne usciranno ben 108 esemplari, che si assommeranno poi ai 475 della cosiddetta prima serie, commercializzati entro il 1968 dalla rete di concessionari predisposta dal fedele Carpeggiani. Già siamo a quasi dieci volte i 50 prospettati inizialmente.

"Impacchettati" in scatoloni di legno, andranno in giro per il mondo, ambiti da personaggi come il re Feisal d'Arabia, Frank Sinatra, Dean Martin, lo scià di Persia, fino alla splendida Grace Kelly (ora Grace di Monaco), che vuole la sua Miura di un raffinato color argento metallizzato. Seguono una pletora di attori, playboy e neo-ricchi, tutti innamorati di questa biposto secca ad alte prestazioni.

Così, mentre le grandi bisarche (due la settimana) della Carrozzeria Bertone portano a Sant'Agata Bolognese le carrozzerie già verniciate, rifinite e complete di interni, pronte per il montaggio dei gruppi meccanici, della "ciclistica" e degli accessori, in via Modena 12 arrivano in tanti. È un ammirato pellegrinaggio, nel quale sfilano piloti famosi come il grandissimo Jim Clark o attori affermati come il sempre bello ma non più povero Maurizio Arena.

Nel frattempo, la Miura (ormai se ne assemblano due al giorno) diviene quasi un fenomeno di costume, dando il suo nome ad alcuni bar (anche uno a Hong Kong), a una casa discografica (quella di "Yummy, yummy" di Giorgio Moroder) e perfino a una pettinatura, finché nel 1968 un

■ A destra, l'abitacolo della Miura con la griglia delle marce cromata di memoria ferrarista e la leva del cambio che "si offre" al pilota.

■ A sinistra, il V12 Lamborghini che colse molte affermazioni nella motonautica off-shore.

■ L'elicottero-utilitaria, mai entrato in produzione, è oggi nel Museo Ferruccio Lamborghini a Dosso di Ferrara.

esemplare viene esposto al MOMA di New York, come era da attendersi per un'opera d'arte qual è.

Mentre il fenomeno cresce, nelle fabbriche Lamborghini il clima familiare non è cambiato, se non in meglio. Sulla spinta della pubblicità acquisita ovunque dal nome Lamborghini, le vendite di trattori vanno alla grande, e i circa 1000 addetti (in compagnia dei quali Ferruccio mangia spesso alla mensa interna) ne costruiscono 50 al giorno.

Il Nostro, per non lasciarsi crescere l'erba sotto i piedi, pensa a un motore da nautica sportiva e a un elicottero... utilitaria. Il primo avrà un grande successo; il secondo, inteso come «la FIAT 500 del domani» non avrà futuro, anche a causa dell'implacabile ostracismo governativo dovuto alle pressioni del monopolista Gruppo Agusta.

Nel novembre 1968, le riviste "Auto Italiana" e "Quattroruote" dedicano ciascuna alla Miura una "prova su strada".

La prima, grazie alla facile penna di Bruno Nestola, sottolinea tra i pregi l'elasticità di funzionamento del propulsore e la docilità dello sterzo, tra i difetti la durezza di cambio e frizione. A sorpresa, tra le note positive spicca l'isolamento termico dell'abitacolo. Evidentemente il test, che rileva una punta velocistica, con rapporto al ponte 11/47, di poco superiore a 275 km/h, non si è svolto in estate. Va detto che il periodico già disponeva di un altro test affidato all'ex pilota belga Paul Frère, dell'aprile 1967.

Il tester dell'altro mensile edito da Domus è Roberto Bonetto (figlio di Felice, grande stradista deceduto alla Carrera Panamericana del 1953). Il suo giudizio evidenzia le doti di accelerazione: 24,15 secondi sul chilometro con partenza da fermo, è il miglior dato registrato su un modello

La Miura Roadster fotografata in una delle tante esibizioni presso mostre e saloni, prima della sciagurata trasformazione nella ZN 75.

stradale nei dodici anni di vita del periodico. Dai nuovi rilevamenti, la velocità massima (con lo stesso rapporto al ponte) sfiora i 270 km/h. In conclusione, a suo dire l'ultima Lambo è un'automobile «entusiasmante e tutta da guidare», anzi «l'unica in grado di dare al fortunato possessore la gioia della guida pura».

E l'unica (ci sia concesso un ricordo personale da quegli anni favolosi ormai lontani) capace di darti emozioni fortissime solo a guardarla, o sedendo, anzi sdraiandosi, al posto di guida, con la leva del cambio lievemente curvata verso di te, che sporge dalla griglia cromata a settori.

La Marzal, "automobile di cristallo", testimonia lo sguardo futuribile di Marcello Gandini. Le portiere si aprono in verticale ad ala di gabbiano, un preziosismo che, in forma diversa, ritroveremo poi su altre Lambo di fascia alta.

ARCHIVIO PERSONALE TONINO LAMBORGHINI

Quella GT troppo "spaziale"

Ancora nel 1967, in pieno avvio della produzione Miura, è pronto il prototipo color argento della nuova Lamborghini, anch'esso presentato a Ginevra in primavera.

È la futuristica Marzal, un nome derivato ancora da una razza di tori da combattimento. A soli quattro mesi dal debutto, nasceva così lo spunto non per un'altra 2+2, ma una vera auto da granturismo a quattro posti da allestire sull'ormai leggendario telaio della P400. Un altro tentativo di battere Ferrari anche nelle proposte di gamma.

Alla prova dei fatti la realizzazione si rivela impossibile, salvo uno stravolgimento totale dello chassis originario, così che Ferruccio e Nuccio Bertone (ma è più esatto dire Nuccio e Marcello, cioè Gandini) decidono di passare alle misure drastiche, intervenendo sul V12 della Casa. Lo si fa "sezionando" longitudinalmente le due bancate, per ricavarne un sei cilindri in linea da nemmeno due litri di cubatura (1965 cm³), forte di 175 CV per 225 km/h stimati. Data la sua architettura, questa unità motrice potrebbe essere una buona risposta al prestigioso propulsore firmato da Aurelio Lampredi (da tempo transfuga dalla Ferrari) per la recente, fortunata FIAT 2300 S coupè carrozzata Ghia.

Il nuovo, compatto bialbero (sempre con cambio, frizione e differenziale in blocco) viene posizionato trasversalmente a sbalzo, dietro l'assale posteriore, ottenendo così, a spese della stabilità, il risultato sperato: quattro comodi posti, con bagagli al seguito.

Interamente realizzata a Grugliasco, sede della Bertone, la vettura ha una forma a cuneo (ispirerà la futura Espada) caratterizzata da una vetratura estesissima, per 4,5 metri quadrati, anche sotto la linea di cintura, con i cristalli forniti dalla multinazionale belga Glaverbel. La "firma" di Gandini (il motivo grafico a esagoni) ricorre dalla plancia "spaziale" alla poco felice griglia del lunotto posteriore.

Nonostante la discreta accoglienza degli addetti ai lavori e la pubblicità derivata dall'esposizione in alcuni Saloni dell'auto, l'"automobile di cristallo" non va in produzione.

ARCHIVIO PERSONALE TONINO LAMBORGHINI

Il principe Ranieri e Grace di Monaco, a bordo della Marzal prima del GP di F1 di Montecarlo del 1967.

L'incredibile colpo d'occhio laterale della Marzal, con i quattro posti dell'abitacolo in... bella vista.

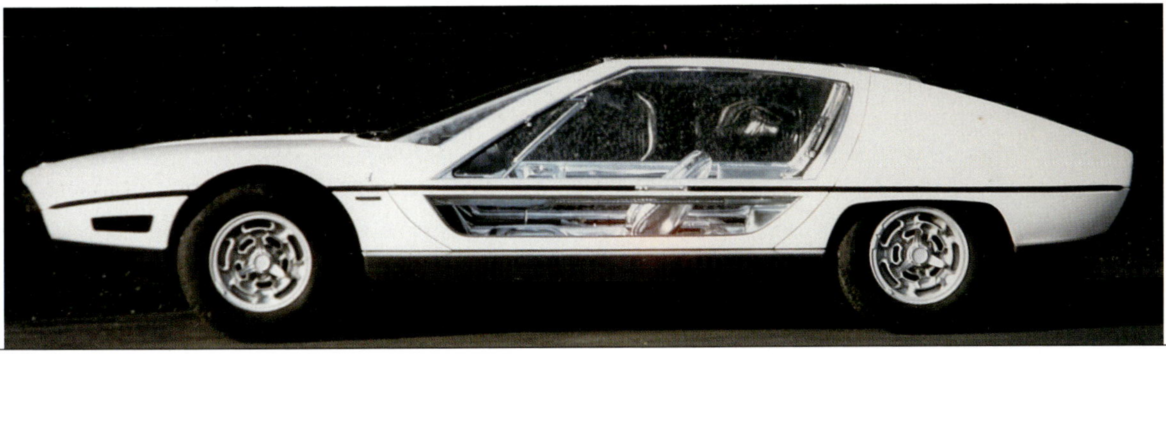

ARCHIVIO PERSONALE TONINO LAMBORGHINI

LAMBO PER FAMIGLIE... DA 250 KM/H

Lo specchio di coda della Espada caratterizzato dal lunotto minore e dall'originale resa grafica del nome del modello.

Nella pagina a fronte: la presentazione ufficiale (1968) dell'innovativa Lamborghini a quattro posti.

Il discorso di una vettura GT a quattro "veri" posti, ultraveloce ma confortevole è evidentemente all'ordine del giorno a Sant'Agata Bolognese, visto che Bertone è di nuovo chiamato in causa per un progetto simile: si concretizzerà nel coraggioso modello Espada 400 GT presentato a Ginevra a marzo 1968.

Anche se nello stand Lamborghini presso il solito, vetusto Palais des Expositions il prototipo da salone, finito come di regola in fretta e furia, è in compagnia di un'altra Lambo inedita (l'incompresa ma intrigante Islero già presentata alla stampa il 16 febbraio), è lei che calamita l'attenzione dei visitatori.

La rigorosa "rilettura" a cui Gandini ha sottoposto gli stilemi della sfortunata Marzal ha portato a nuove eleganti linee, tese ed essenziali, sgombre da ogni effettismo e caratterizzate, invece, da un'estrema (anche se un po' banale) sobrietà. Prendendo nome dalla più tipica arma della tauromachia, l'Espada è un'auto a due volumi e due porte bassa e slanciata (è alta meno di 112 cm), con due piccole prese d'aria tipo NACA di derivazione aeronautica sull'infinito cofano anteriore e un curioso doppio lunotto posteriore: il più grande è il portellone del vano-bagagli, il più piccolo, verticale, è ricavato sullo specchio di coda per migliorare la visibilità durante le manovre.

Il solito quattro litri a V12 della Casa, con una potenza di 325 CV, esibisce ora sei carburatori doppiocorpo Weber orizzontali 40 DCOE 20 che concorrono a farne qualcosa

di stupefacente per efficienza, elasticità ed equilibrio: tutto merito del lavoro di messa a punto e affinamento del duo Dallara-Stanzani. Il motore è posizionato anteriormente, su un nuovo telaio in quotato acciaio Cogne-Breda derivato, allungandolo, da quello della 400 GT e realizzato da Marchesi di Modena, un telaista caro a Ferrari.

La "ciclistica" è completata dalle sospensioni a ruote indipendenti (il ponte rigido dietro, dice Ferruccio, lasciamolo all'uomo di Maranello) e da quattro freni a disco Girling, mentre per le prime due versioni sono adottati i cerchi in elektron della Miura, compreso l'affascinante gallettone centrale ad alette, azionabile solo con il martello di piombo in dotazione, di gloriosa, corsaiola memoria.

Gli interni sono caratterizzati da grande eleganza e comfort, con pelle di pregio, volante in legno Nardi e vetri elettrici, assecondando in pieno le richieste del costruttore ferrarese. Finalmente una Lambo "per famiglia", pur trattandosi di un'auto da quasi 250 km/h, con grandi doti di accelerazione e soprattutto ripresa, oltre che di stabilità, maneggevolezza e frenata. Il modello piace molto e ha subito una buona accoglienza commerciale: venderà in tutto 1217 esemplari, fino al 1978, in tre serie di 186, 575 e 456 unità. In ognuna delle versioni, l'Espada subirà ritocchi di aggiornamento, apparendo infine a molti come la GT ideale: veloce, potente, silenziosa, comoda e lussuosa, forse proprio quella da sempre sognata da Ferruccio. Per essa sono state perfino ipotizzate (e provate) delle sospensioni idro-pneumatiche in stile Citroën: ma il sistema Lancomatic, per un comfort di bordo decisamente superiore, sarà presto abbandonato perché troppo delicato.

Il settimanale "Epoca" dedica un intero servizio illustrato, copertina compresa, all'ultima nata di Sant'Agata Bolognese.

Lo strano caso della Roadster

Nel frattempo, agli inizi del 1968, è arrivata anche la versione Roadster della Miura.

Presentata a gennaio al Salone dell'automobile di Bruxelles, nello stand della Bertone, è una spider in versione Targa, priva però di tettuccio, oltre che dei cristalli laterali e di qualsiasi protezione al motore, perché è stato deciso di farne un prototipo da Salone da usare nelle esposizioni settoriali come show car del marchio del Toro e della carrozzeria di Grugliasco che l'ha progettata e realizzata, facendola disegnare dal solito, grandissimo Marcello Gandini.

È verniciata in un delizioso azzurro chiaro che, più che metallizzato, sembra un moderno micalizzato (con scaglie di mica mescolate alla vernice, al posto delle paillettes di alluminio tipiche della metallizzazione). Bertone ha ottenuto questo effetto con grosse particelle di alluminio al

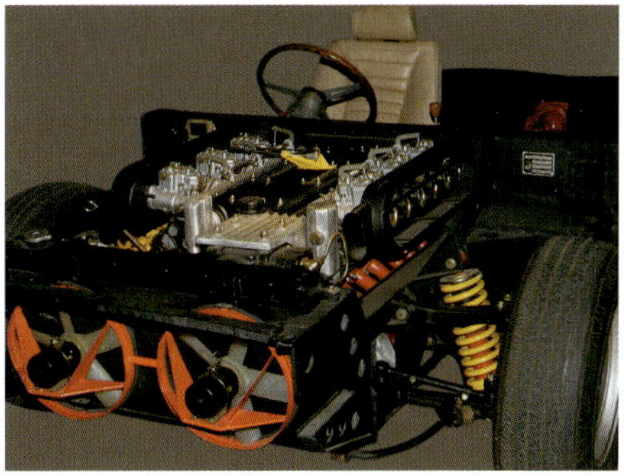

Sull'autotelaio dell'Espada, spicca il poderoso V12 anteriore longitudinale.

In alto, l'eccezionale capacità di carico della Espada, la sorprendente supercar Lambo "per famiglia".

Sopra e a fronte, in alto: la Miura Roadster del 1968, il mirabile prototipo in esemplare unico di "scoperta" firmato Bertone.

posto delle classiche rondelline e il risultato finale, in questa vettura ricca di curve e bombature, è uno spettacolare cambio di colore e di riflessi a seconda della posizione dell'osservatore e dei mutamenti della luce incidente.

Con interni in pelle color bianco magnolia, la Roadster è un bell'esempio di moderna auto scoperta, subito apprezzata dalla critica e, soprattutto, dalla potenziale clientela. Peccato che, per motivi tuttora ignoti, resti in esemplare unico: forse per la paura di Ferruccio di iniziare un'altra industrializzazione o per il timore che il telaio (il n. 3498, mentre il V12 utilizzato è il n. 1642) "menomato" nel tetto non regga le strapotenti prestazioni della meccanica.

Sta di fatto che ben presto il prototipo, dopo essere passato per Sant'Agata Bolognese per studi e ricerche, viene ceduto alla statunitense ILZRO, la International Lead Zinc Research Organization, l'associazione internazionale dei produttori di zinco e piombo. Da tempo alla ricerca di un

veicolo che pubblicizzi quei metalli in Saloni e mostre presso le Case automobilistiche soprattutto statunitensi, l'associazione ottiene dalla Bertone la Miura Roadster e il nulla osta all'operazione di maquillage che sta per iniziare. Facendo della dream car italiana il proprio manifesto, gli yankee snaturano però il modello, sostituendo una cinquantina delle sue parti originali con altre realizzate con i loro prodotti.

Il risultato sarà la Miura ZN 75 (dalla sigla dell'isotopo dello zinco), una scultura modernista a quattro ruote verniciata in verde scuro metallizzato con sfumature color bronzo (una strana colorazione ricavata su un fondo nero), e interni in velluto verde chiaro e giallino. A lavoro finito (luglio 1969), la "modella", appesantita di ben 600 kg di metalli "promozionali" e senza più nulla dell'elegante spider uscita nel 1968 dagli stabilimenti di Grugliasco, è presentata nel grande giardino di casa Bertone, dopo di che

Sotto, l'incredibile elaborazione della Miura Roadster su commessa della ILZRO, l'ente internazionale dello zinco e del piombo.

per lei inizia un tour mondiale che terminerà nel 1974. La cronaca racconta che, dopo ulteriori peripezie (e il prestito, per alcuni anni, al Museum of Transportation di Boston, Massachusetts), a fine 2008 il prototipo Lambo a cielo aperto è stato restituito allo splendore originale dall'attuale (estate 2009) proprietario. È l'immobiliarista newyorkese Adam Gordon, presidente del club cittadino dei possessori di Lamborghini d'America, ad aver finanziato un rigoroso restauro da 330.000 dollari a opera dello specialista californiano Gary Bobileff, in previsione di un ennesimo passaggio di proprietà. Bentornata Roadster!

Nella pagina a fronte, in alto: Ferruccio Lamborghini, a sinistra, con l'ingegner Giulio Alfieri alla presentazione ufficiosa della Islero.

Col gilet grigio d'ordinanza

Sempre a inizio 1968, il 16 febbraio, viene presentata alla stampa la Islero, una berlinetta nata dall'idea di proseguire, perfezionandolo, il progetto della 400 GT, i cui ultimi tre esemplari sono commercializzati proprio in quei giorni. Una proposta in tal senso è arrivata, ormai da un anno, da Mario Marazzi, titolare dell'omonima carrozzeria di Caronno Pertusella (Varese), che ha appena assunto un gruppo di ex battilastra della Touring Superleggera, fallita il 31 dicembre 1966. Oltre ai citati superesperti nella lavorazione dell'alluminio, la nuova struttura si può giovare dell'opera, cioè dei bellissimi "figurini", di Federico Formenti, ex storico "capo-visualizzatore" dell'atelier milanese e "padre" di gioielli tipo l'Aston Martin DB4.

Nella pagina a fronte, al centro: il logo storico della Touring Superleggera, oggi attiva a Rozzano (MI) dopo il fallimento di fine 1966 e l'acquisto nel 2006 da parte del Gruppo Zeta Europe BV.

Nella pagina a fronte, a destra: Salone di Torino 1968, Ferruccio incontra il presidente del Consiglio Giulio Andreotti.

Ferruccio affida a Marazzi & Co. la realizzazione del nuovo modello Lambo, quella Islero che prende il nome dal toro di razza Miura che uccise, il 28 agosto 1947, il fa-

moso torero Manolete nella Plaza de Toros di Linares.

E com'era accaduto cinque anni prima, quando la realizzazione dell'"abito" della 350 GTV era stata affidata a Franco Scaglione, alcuni addetti ai lavori alzano alti lai di fronte alla scelta di Ferruccio, accusandolo ancora una volta di essersi rivolto a una "firma" pressoché sconosciuta. Peraltro, si dovranno ricredere vedendo uscire dalle officine varesine i diciotto esemplari dell'ineffabile Alfa Romeo 33 Stradale (novembre 1967 - marzo 1969).

Comunque sia, alla faccia dei critici a ogni costo, l'Islero (ma sulla linea di montaggio dedicata la dicitura è Jslero) è un'interessante 2+2 a tre volumi, forte del propulsore

▪ Una Miura e Bob Wallace sullo sfondo dello stabilimento Lamborghini Automobili.

▪ Nella pagina a fronte, il grandissimo pilota Jim Clark (a sinistra) con Colin Chapman, il fondatore della Lotus, accanto a una Miura.

V12 della 400 GT (3929 cm^3 per 320 CV e 250 km/h). Una linea classica, nitida ed elegante, con i fari per la prima volta a scomparsa per non alterare l'equilibrio d'insieme: stilemi con una personalità fin troppo schiva, ma forse per questo il modello piace molto a Ferruccio, che lo userà a lungo come vettura personale.

C'è una foto del Nostro in giacca e cravatta accanto alla sua Islero, con l'eterna sigaretta e tanto di gilet grigio d'ordinanza per sconfiggere il freddo della Bassa Padana. Un uomo soddisfatto: per questo modello si è impegnato più del solito in suggerimenti sullo stile, fra gli imprescindibili "biglietti da visita" delle sue auto. Come per l'Espada, si può parlare di GT a sua misura, soprattutto dopo l'entrata in listino (31 gennaio 1969) della GTS da 350 CV.

La novità di Sant'Agata Bolognese costa 6.450.000 lire, un prezzo troppo vicino a quello dei due bestseller, Miura ed Espada. Se ne venderanno solo 350 esemplari divisi in due serie di 125 e 225 unità. La seconda è riconoscibile esternamente per una piccola presa d'aria a trapezio in zona passaruota anteriore.

Ancora nel 1968, a novembre, scocca l'ora della Miura S, presentata al Salone di Torino, che sostituisce in listino la P400. Sarà la versione meno fortunata, con soli 140 esemplari costruiti e commercializzati dal dicembre 1968 al 1971. Ha un motore da 370 CV (per una punta velocistica dichiarata da 256 a 293 km/h secondo il rapporto al ponte finale) e interni totalmente rivisitati: solo una "S" in metallo a forma di saetta, oltre alle cornici cromate dei cristalli laterali e del parabrezza, permette di distinguere la prima dalla seconda serie del capolavoro della marca del Toro.

Ferruccio in compagnia di due sue "creature", una Jarama e un trattore dei primissimi anni Settanta disegnato dal figlio Tonino.

DAL SESSANTOTTO ALL'"AUTUNNO CALDO"

Sono tempi di enorme impegno per le strutture del Toro. I trattori "tirano" ancora alla grande, come pure bruciatori e impianti di condizionamento grazie alla geniale formula dell'assistenza "24 ore su 24". Dopo un tentativo, subito abortito, di produrre televisori, si avvia la produzione di sistemi idraulici di assistenza: nasce la Lamborghini Oleodinamica, un'altra azienda del Toro presto premiata da un progressivo, grande successo commerciale.

Alla Lamborghini Automobili, invece, dove pure tutto sta andando benissimo (con una clientela sempre più fidelizzata e una gamma di modelli sempre più ampia, dalle ultime 400 GT alla Miura S, passando per Espada e Islero), si avvertono i primi segnali di una crisi di crescenza.

È dura star dietro a tante novità, tanto più che ad agosto 1968 Gian Paolo Dallara se ne va per dare corpo ai suoi sogni di gloria sportiva, lasciando a Ferruccio (oltre ai freschi progetti della Miura Roadster ed S) un grande vuoto da colmare e non solo alla direzione dell'Ufficio tecnico, dove trova il meritato riconoscimento Paolo Stanzani.

I conti di fine anno vedono all'attivo la consegna di 187 Miura, 37 Espada e 124 Islero: per la "grande famiglia" di Sant'Agata Bolognese, sono cifre piuttosto buone, ma intanto è scoppiato nel mondo il Sessantotto, padre legittimo del Sessantanove, l'anno rosso delle lotte operaie.

Ci metterà un bel po', Ferruccio, a capire che aria sta tirando in fabbrica e fuori, anche perché di politica non ha mai masticato molto: anzi, da buon apolitico, lungo gli an-

LAMBORGHINI

■ Autunno caldo: a Roma, il 28 novembre 1969, sfila un corteo dei metalmeccanici.

ni ha votato un po' per tutti i partiti dell'arco costituzionale, compreso, nell'immediato dopoguerra, il PCI.

Nella primavera del 1969, i lavoratori della Lamborghini Automobili sfiorano quota 500, mentre dalle due catene di montaggio ogni giorno escono alternativamente una Miura e una Espada, per un totale a fine anno di 450 vetture. Stiamo parlando di numeri tali da far cominciare a impensierire seriamente la Ferrari... se a Maranello non fosse arrivata, il 20 giugno, una potente iniezione di fiducia dalla FIAT, sotto forma di un bonifico bancario di 6 miliardi di lire.

In Lambo andrebbe tutto ancora bene, nonostante quattro settimane di occupazione della fabbrica in estate (per una questione di finestroni chiusi in pieno solleone), con contorno di scritte sui muri e slogan del tipo «Ferruccio in Miura, l'operaio a piedi». Il Nostro è fresco reduce da viaggi in giro per il mondo, dagli allevamenti andalusi di Edoardo Miura, visitati più volte, all'efficientista Giappone dove ha conosciuto Soichiro Honda, con cui poi scambierà spesso lunghe telefonate. Nel Paese nipponico, soprattutto, è stato conquistato dai primi sviluppi del "toyotismo", il massimo per uno come lui, così preciso e maniaco dell'ordine efficiente.

Ora, di fronte al nuovo che avanza con un bel po' di disordine al seguito, il Nostro guarda, ascolta e ragiona, un po' stupito, su quello strano corso delle cose: lui che si è sempre mostrato un padre-padrone vicino ai suoi lavoratori, con i quali continua a parlare in dialetto emiliano, lui che a mezzogiorno ha spesso pranzato in mensa con loro, lui che, comunque, ha sempre deciso tutto in prima

Ferruccio a colloquio in fabbrica con tecnici e operai, un'abitudine che l'ha contraddistinto fino alla cessione dell'azienda.

persona, non concedendo mai niente alla cogestione con il sindacato. Ferruccio, come dirà il figlio Tonino, non ha mai avuto atteggiamenti antisindacali (alla Adolfo Orsi della Maserati, per intenderci), così ora è più che altro per ripicca che attua una serrata di una settimana. E tutto il trambusto si fermerebbe lì, se non fosse che la crisi è arrivata davvero in Casa, ed è una cosa seria.

È accaduto a Cento, alla Lamborghini Trattori, la vera "cassaforte" di famiglia, dove la situazione sta all'improvviso precipitando.

Addio, miei Carioca, addio!

Si parla di una commessa di 5000 trattori destinati alla Bolivia ma rimasti in Italia a causa della caduta del dittatore René Barrientos, in una sorta di ripetizione degli eventi da "repubblica delle banane" che già stanno stroncando altri marchi italiani come Parilla, Rumi e Motom. Per la prima volta, si assiste al triste spettacolo di alcune

Nella pagina a fronte, a destra: una delle due linee di montaggio dedicate alla Miura.

Nella pagina a fronte, a sinistra: un assorto Ferruccio con in mano un modellino di Miura, la vettura che l'ha reso ricco e famoso nel mondo.

migliaia di trattori bianco-blu (sugli 8000 costruiti in quel 1969) nuovi e invenduti, bloccati sui piazzali di Cento dalle banche in conto garanzia per i prestiti fin qui elargiti al Nostro. È un immobilizzo di capitale che potrebbe risultare fatale per la mancanza di liquidità derivatane, poi però, in qualche modo, essi vengono tutti venduti (sottocosto, si dice, sul loro prezzo di listino che arriva fino ai 7 milioni di lire) e il lavoro può riprendere, quasi, normalmente.

Ma di lì a poco, mentre a Sant'Agata Bolognese le cose vanno benissimo e da quelle catene di montaggio ormai escono due Miura al giorno e, solo nel 1970, si produrranno ben 228 Espada, la congiuntura per le macchine agricole diventa ancora più nera: se finora si vendevano senza problemi, ora si fa decisamente fatica. Colpa anche, dicono, dei lavoratori "contoterzisti": un fenomeno che, nelle campagne, ha pesantemente ridotto la domanda, perché ora con un solo trattore si lavora tranquillamente su più fondi. Così, dal 1970, le banche dicono stop all'erogazione di qualsiasi altro credito alle aziende del Toro, compreso quello che serve per pagare regolarmente (come è sempre stato fatto finora) salari e stipendi.

Ferruccio è obbligato a porsi il leniniano quesito sul "Che fare?". C'è addirittura il rischio di dover cedere la maggioranza azionaria dei gioielli di famiglia (leggi: Lamborghini Automobili), ma anche così si porrebbe il problema di trovare un compratore, perché non è che una FIAT la si trovi sempre dietro l'angolo. Vedremo come, tra un paio d'anni, questo nodo arriverà spietatamente al pettine anche se, nel frattempo, la situazione è risolta da una

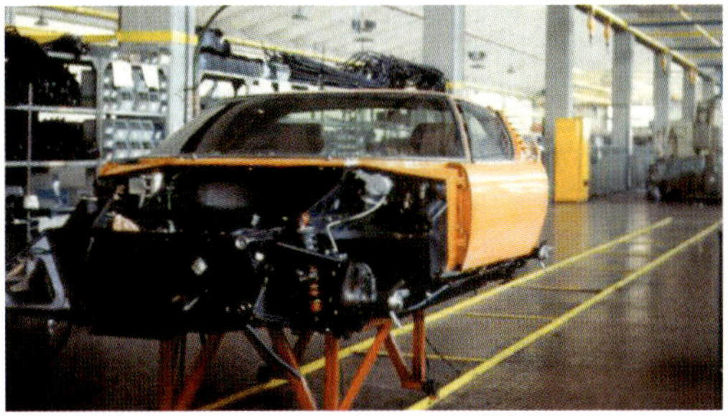

serie di iniziative intelligenti prese da un imprenditore ormai cinquantacinquenne che ha finalmente capito che per lui si sta pian piano concludendo un'epoca, un periodo magico durato un quarto di secolo, a partire dal suo ritorno a casa dal Dodecaneso, anzi dal primo Carioca.

Dapprima, con una buona parola dell'amico Gigiàz (il ministro socialdemocratico Luigi Preti), lo stabilimento di Cento, ma soltanto gli stabili, viene venduto alla FIAT e il Nostro sposta la produzione di trattori nella fabbrica di Pieve, dopo aver inaugurato lo stabilimento della Lamborghini Calor nella vicina Dosso. Nella nuova dinamica realtà tornata ben presto a fiorire, rimangono a produrre macchine agricole un centinaio di fedelissimi, tutte esperte maestranze. La bella storia dei trattori del Toro parrebbe ricominciata, ma quasi subito Ferruccio dice basta.

Prima si affida, per la gestione, all'ente parastatale GEPI, dopodiché passa la proprietà alla bergamasca SAME: che sia per stanchezza o per timore del nuovo che avanza, o perché qualcosa in lui si è rotto per sempre, nessuno può dirlo. Certo, le dure lotte operaie dell'"autunno caldo" e dintorni (definitivamente sfuggite al controllo del sindacato) devono averlo colpito.

Giuseppe Bocchi, ingegnere, in Lamborghini Automobili dal 1967 al dicembre 1969 (da estensore dei libretti di uso e manutenzione di Miura ed Espada a responsabile del Reparto esperienze), ci ha raccontato che «Ferruccio negli ultimi tempi si era come incupito e chiuso in se stesso, lui sempre così aperto e disponibile alle novità».

La linea di montaggio della Jarama: la lavorazione si svolgeva ancora con preponderante intervento manuale dell'addetto.

Jarama, la piccola Espada

Per quanto riguarda proprio la Lamborghini Automobili, ecco che, al Salone di Ginevra della primavera 1970, sul telaio dell'Espada accorciato nell'interasse (da 2650 a 2380 mm), arriva la Jarama.

Il nome deriva dalla regione spagnola a nord di Madrid, la cui vallata attraversata dal fiume omonimo è sede di quotati allevamenti di tori da corrida, oltre che del noto circuito fisso di Formula 1 inaugurato nel 1967.

La nuova coupé di Sant'Agata Bolognese è l'evoluzione della poco fortunata 2+2 Islero, per la cui "rilettura" in chiave stilistica il neocapo dell'Ufficio tecnico, Stanzani, ha convinto Ferruccio a rivolgersi di nuovo a Bertone.

Il carrozziere torinese lavora, come al solito, al suo meglio, giovandosi sempre della matita e del tecnigrafo di Marcello Gandini e il risultato è una vettura originale, compatta e possente, pur se fin troppo equilibrata. Essa riprende alcune cifre estetiche dell'Espada, a cominciare dalle prese tipo NACA sul grande cofano motore. Sempre dell'Espada, adotta il V12 anteriore da quattro litri di cubatura che, con i suoi 350 CV, garantisce una velocità massima (dichiarata) di 260 km/h: allo scopo di ottimizzare la penetrazione aerodinamica, Bertone ha inserito un avveniristico piccolo rialzo sul bordo posteriore del tettuccio.

La Jarama non ha un grande successo commerciale, forse perché è un po' troppo "normale" agli occhi della clientela lamborghiniana ormai avvezza a vetture oltremisura per prestazioni e stile. Se ne realizzeranno in tutto sol-

Presentazione della Jarama a Torino, dopo l'esordio ginevrino nella primavera del 1970.

Nella pagina a fronte: uno dei prototipi della Jarama elaborata da Wallace per i rally, al museo Lamborghini di Dosso. L'altro esemplare è di proprietà di un tedesco.

Gli interni della Jarama. Il livello delle finiture fu criticato dalla stampa specializzata.

tanto 327 esemplari, fino al 1976, divisi in due serie di 177 e 150. La seconda è la versione GTS, del 1971, ricca di modifiche e miglioramenti, dalla potenza maggiorata (365 CV) e peso diminuito di ben 80 kg per il maggiore utilizzo di alluminio nella carrozzeria.

"Quattroruote", nel fascicolo dell'ottobre 1971, dopo aver denunciato una velocità massima appena superiore ai 238 km/h (oltre 20 km in meno, rispetto ai dati della Casa), ne esalta la grande tenuta di strada e la maneggevolezza, nonché l'ottimo lavoro dei quattro freni a disco: finalmente sono tutti autoventilanti, dopo che la Girling ha di recente accorpato il settore freni della Dunlop. Qualche critica arriva alle finiture degli interni, ma si loda il condizionatore d'aria, di serie, che esalta il già notevole comfort.

Nel 1972, il collaudatore e tecnico neozelandese Bob Wallace mise mano a una Jarama GTS (telaio n. 10.350, motore n. 40.537) che alleggerì, assettò e modificò nella meccanica, per esempio adottando sei carburatori doppio corpo Weber 42 DCOE al posto degli originali con diffusori da 40 mm, fino a ricavarne una berlinetta (la cosiddetta Jarama "Bob") forte di 380 CV, per 270 km/h.

Jarama

PROTAGONISTI ■ A TU PER TU CON FERRUCCIO

Intervista a Paolo Stanzani

Nato a Bologna nel 1936, Paolo Stanzani si laurea in ingegneria meccanica. Dopo un breve periodo come assistente universitario, entra a far parte del primo nucleo della Lamborghini Automobili a fianco del coetaneo Gian Paolo Dallara. Diventato responsabile tecnico e direttore generale del Toro, se ne allontana in coincidenza con la cessione della proprietà da parte di Ferruccio Lamborghini.
Dalla fine degli anni Settanta, si occuperà di consulenze.
È nel campo della progettazione meccanica, soprattutto nel settore automobilistico, che avrà modo di dare sfogo alla sua passione per le corse, gestendo Scuderie anche nel mondo della Formula 1, per esempio come direttore generale della Scuderia Italia.

Ingegner Stanzani, cominciamo dall'inizio, cioè dal V12 di Bizzarrini che avete "addomesticato" per trasformarlo in un'unità motrice "stradale".

Per prima cosa lo completammo e lo facemmo girare al banco per vedere quali risultati dava fin da subito: con grande stupore constatammo che la potenza massima non era troppo lontana dai 350 CV. Nell'affinamento per trasformare il suo campo di utilizzo (che, da buon motore corsaiolo, era piazzato 'in alto'), lavorammo sulla distribuzione (profilo delle camme meno ripido, minore diametro dei bicchierini ecc.), oltre che sull'albero motore (tra l'altro, era troppo leggero), sulle bielle (ora stampabili invece che ricavate dal pieno), sui carburatori (compresi i condotti di cui diminuimmo il diametro), sull'impianto di lubrificazione (via libera alla classica coppa dell'olio, prima assente) e altrove.

Passiamo da questioni squisitamente tecniche al suo rapporto con Ferruccio? Chi era veramente?

Contrariamente a quanto si è sempre creduto, era un uomo solo, oltre che timido. Era intelligentissimo, anzi sono convinto che sia stata la persona più intelligente che io abbia conosciuto. Credo che mi abbia amato come un figlio per quello che avevo fatto per l'azienda.

Ci vuole spiegare meglio?

Nel 1968, quando per molti motivi era entrato in una crisi talmente profonda da farlo pensare di smettere con l'attività, mi chiese di assumere la carica di direttore generale. Rimasi stupito per l'offerta, che avrebbe dovuto essere rivolta a Gian Paolo Dallara che, però, stranamente Ferruccio giudicava solo un grande tecnico e non un organizzatore industriale: come è noto, la storia dimostrerà che era nel torto. Di fatto, quando mi disse che o accettavo l'offerta o lasciavamo perdere tutto, accettai.

E da lì è iniziato un nuovo tipo di rapporto con Ferruccio che più volte la chiamerà per dargli un consiglio...

Sì. Per esempio, quando ritentò in diverse occasioni di rientrare in possesso della proprietà aziendale.

Dopo la sua uscita da Sant'Agata Bolognese, l'ha rivisto ancora?

L'ho rivisto in moltissime occasioni, nella sua tenuta sul lago Trasimeno, anche perché da fine 1975 avevo finalmente cominciato a dargli del tu.

URRACO: LA BRUTTINA STAGIONATA

A fine 1970 va in listino anche la Urraco, una "piccola" Lambo a otto cilindri di "soli" 2462 cm^3 di cubatura chiamata col nome di una razza di tori da combattimento.

È la risposta alla congiuntura che colpisce anche il settore delle GT, sia per il clima politico ostile alle auto di lusso sia per le recenti misure fiscali punitive nei confronti dei modelli da oltre due litri di cubatura, nel quadro generale dell'incombente crisi energetica che, a breve, deflagrerà con la guerra arabo-israeliana del Kippur.

Al Salone di Torino di inizio autunno 1970 è esposta la Urraco P250.

Ferruccio decide di cimentarsi anche nella fascia medio-alta di gamma, dove all'epoca regnava la Porsche, e all'esposizione di Torino (anticipata a ottobre) presenta la Urraco P250. La lettera della sigla sta per "posteriore", a indicare la posizione dell'inedito V8, che è anche centrale perché collocato, trasversalmente, davanti all'assale posteriore.

È una coupé 2+2, con inedito telaio a monoscocca a pianale, affidata di nuovo a Bertone (leggi: Gandini); fra Ferruccio e il carrozziere di Grugliasco vi è ormai un rapporto di affinità elettive, lo stesso che si è instaurato da tempo tra Enzo Ferrari e Pininfarina.

Gli interni molto lussuosi della P250 non impedirono la sua scarsa fortuna commerciale. I cerchi in lega Campagnolo hanno la chiusura a 5 bulloni al posto del classico gallettone centrale.

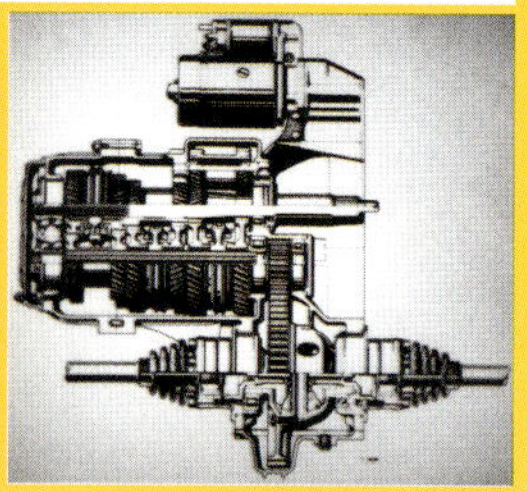

ARCHIVIO PERSONALE TONINO LAMBORGHINI

A sinistra, il cambio a 5 rapporti della Urraco P250.

Sotto, al lavoro su uno dei due prototipi da Salone della Urraco P250.

Purtroppo, l'esigenza di ottenere due posti anche per i passeggeri dietro porterà a un risultato estetico finale deludente, con troppe linee squadrate, interno dell'abitacolo compreso. Il difficile sviluppo del progetto è testimoniato da tre "figurini" (uno dei quali parrebbe la base di partenza per gli stilemi della futura Ferrari Dino 308 GT-4) tra i quali il committente farà la sua scelta.

A mitigare l'ineleganza della vettura, oltre agli interni curatissimi, spiccano i cerchi in lega leggera della Campagnolo, dotati di 20 fori perimetrali che scenderanno poi a 15. In fase di produzione verranno privilegiate soprattut-

ARCHIVIO PERSONALE TONINO LAMBORGHINI

to livree blu o marroni (entrambe metallizzate), agli antipodi dell'"arancione Miura" e del bianco dei due prototipi torinesi, in mostra agli stand Lamborghini e Bertone.

Il V8 di Stanzani, all'epoca il più piccolo costruito in serie con tale architettura, è un monoalbero in lega leggera da ben 220 CV, per una punta velocistica (dichiarata) di 240 km/h. Cambio e differenziale sono, ovviamente, integrati nel motore: il primo è il 5 marce da tempo realizzato dalla Casa, molto facile da manovrare come assicura anche Emerson Fittipaldi nella "prova su strada" per "Quattroruote" (giugno 1973). Nel test si lodano la punta velocistica di oltre 230 km/h, l'elasticità del propulsore e la stabilità di marcia, ma lo sterzo risulta troppo demoltiplicato.

Nonostante l'ottima accoglienza iniziale (anche al Motor Show londinese del 1971), la produzione parte solo a fine 1973, causa i problemi di fragilità meccanica: il motore, per esprimere tutta la cavalleria, ha un rapporto di compressione molto elevato (10,4:1). La produzione andrà avanti fino al 1979: nella seconda versione (P300, dal 1974) il V8 diventa un tre litri bialbero per bancata, forte di 260 CV. Ma ormai il danno è fatto e il ritardo iniziale riuscirà fatale. Sempre del 1974 è la versione P200 da due litri di cilindrata, per sfuggire alle imposizioni fiscali. Vendite scarse: 66 esemplari contro i 520 della P250 e i 190 della P300, a riprova che il mercato nazionale, in primo luogo, anche nella crisi rifiuta i modelli di esplicito compromesso.

E pensare che Ferruccio ha fatto realizzare una nuova sezione di stabilimento per le catene di montaggio della Urraco, dopo le assicurazioni ottimistiche del suo storico responsabile dell'Ufficio commerciale, Ubaldo Sgarzi.

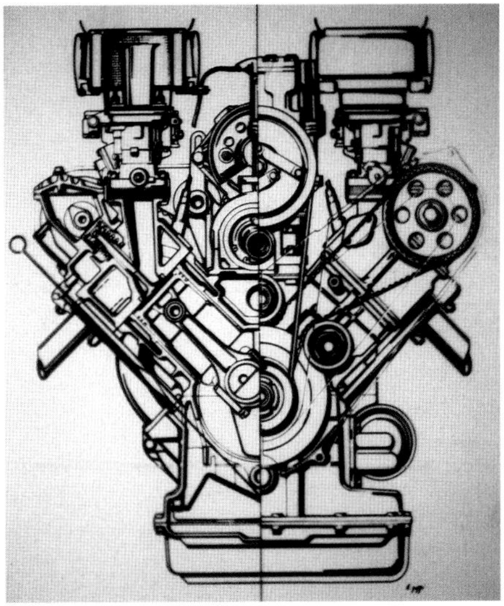

ARCHIVIO PERSONALE TONINO LAMBORGHINI

Il V8 a 90° posteriore-centrale trasversale della P250; sotto, un disegno di progetto. Anche della Urraco ci sarà una elaborazione "Bob", ovvero una rilettura sportiva, rallistica, realizzata dal poliedrico Wallace.

Nella pagina a fronte: la grinta del collaudatore. Il neozelandese oggi abita e lavora a Phoenix, Arizona.

Un particolare della Miura Jota, il capolavoro di Bob Wallace, con lo spoiler in funzione deportante.

IL CAPOLAVORO DI BOB

Nel 1970 fa la sua sconvolgente apparizione anche la meraviglia motoristica detta Miura Jota, un bolide preparato nel tempo libero da Bob Wallace, che dal 1963 collauda magistralmente tutte le Lamborghini prima che entrino in listino.

A rischio di essere pedanti, un po' di chiarezza: il nome di questo capolavoro non ha a che fare con la nona lettera dell'alfabeto greco o l'undicesima di quello spagnolo, né con una danza folcloristica diffusa in tutta la penisola iberica e neppure (*si parva licet…*) con una gustosa minestra triestina a base di fagioli, crauti e patate. No: deriva semplicemente dal famoso (all'epoca) allegato J del regolamento sportivo della FIA, la Fédération Internationale de l'Automobile, contenente la normativa per omologare il modello come "vettura da corsa modificata".

Il neozelandese, letteralmente malato del morbo delle competizioni, dati anche i suoi trascorsi come meccanico e la frequentazione di un certo Fangio, si mette a lavorare su una Miura S (telaio n. 5084) utilizzata da un paio d'anni (ha già "su" 20.000 km) dal Reparto esperienze. Lo scopo è semplice quanto estremo: incrementare le prestazioni dell'auto più veloce del mondo. Ci riuscirà.

Inizia spremendo il motore V12 fino a ottenerne ben 440 CV, vale a dire 70 in più dell'originale. Lo fa montando camme a profilo ultra-spinto, adottando quattro carburatori speciali triplocorpo Weber 46 IDL con tromboncini liberi dal filtro, alzando il rapporto di compressione a 11,5:1 e aprendo a megafono i terminali di scarico, secon-

Bob Wallace al lavoro su una Espada. Anche questa quattroposti turistica fu affidata alle sue energiche cure.

do la sperimentata teoria che, nella quarta fase, un motore a quattro tempi a ciclo Otto più "respira" e meglio è.

Il cambio usufruisce finalmente di lubrificazione separata da quella del motore (una novità che finirà dritta dritta sulla Miura SV presentata l'anno dopo), permettendo al V12 la sportivissima lubrificazione a carter secco, oltre che l'adozione al retrotreno di un differenziale autobloccante ZF, notoriamente ben più efficiente del Salisbury utilizzato dalla Casa sulle sue due prime GT.

Poi è la volta del telaio, che Bob ridisegna con struttura a monoscocca "mista", con elementi sia tubolari sia scatolati: risulterà alleggerito grazie anche all'uso generalizzato di leghe leggere di provenienza aeronautica come l'Avional, ma anche irrobustito e di estrema rigidezza, sia torsionale sia flessionale.

Inizia infine la drastica sequenza per ridurre il peso totale della vettura, utilizzando solo alluminio per la carrozzeria, perspex al posto dei cristalli ed eliminando tutto quello che non sia funzionale alle competizioni. Così la Jota arriva a pesare 880 kg, 170 in meno della già leggerissima S. Come prestazioni, si parla di 300 km/h raggiunti e superati agevolmente e di un tempo di 3,5 secondi per il classico 0-100 km/h.

Nonostante le migliaia di chilometri percorsi dalla Jota (ovviamente in "arancio Miura"), vero "laboratorio viaggiante" della fabbrica del Toro, e malgrado le evidenti intenzioni di Wallace di portarla in gara, Ferruccio si oppone. La splendida vettura rimarrà solo un'amabile concessione del Nostro al suo estroso capo-collaudatore.

All'inizio del 1972, già in piena crisi aziendale, la Jota vie-

ARCHIVIO PERSONALE TONINO LAMBORGHINI

ne ceduta al collezionista bresciano Alfredo Belponer, un giovane industriale presidente della Scuderia Brescia Corse, che però non potrà mai godersela: appena prima della consegna, essa viene distrutta in un incidente stradale sulla tangenziale di Brescia in costruzione. Dopo di che, a Sant'Agata Bolognese, su richiesta di clienti particolarmente sportivi (e danarosi) si realizzeranno almeno sei della quindicina di "repliche" della cosiddetta Miura SJ attualmente in giro per il mondo. Ma nessuna è "cattiva" come il prototipo di Bob, certamente la più matura, carismatica e performante vettura del Toro, almeno fino ad allora. Peccato non averla vista qualche volta, magari un bel 25 aprile in occasione della 1000 Chilometri di Monza, sfidare in gara le Sport Prototipo del Cavallino...

L'avantreno della Miura Jota: in evidenza, fra l'altro, la notevole sezione delle gomme speciali montate sui cerchi Campagnolo.

DALLA MIURA SV ALLA COUNTACH

Ferruccio Lamborghini a bordo della Miura SV che usava regolarmente.

Mentre il 1970 se ne va, Ferruccio è ormai divenuto ricchissimo, anche se a tavola continua a intingere il pane nel vino rosso come ha visto fare da bambino al padre. Lavora sempre dodici ore al giorno, ha molto argento sui capelli pettinati all'indietro, si gode anche una laurea ad honorem in ingegneria meccanica, ma soprattutto è diventato universalmente noto per avere in una manciata di anni creato dal nulla un vero mito nel settore automobilistico.

Una leggenda metropolitana racconta che firmi, con uno

ARCHIVIO PERSONALE TONINO LAMBORGHINI

scarabocchio, il sedile di guida di tutte le GT che escono dalle sue linee di montaggio. A questo punto, chiede ai suoi tecnici che gli diano un'ultima versione della Miura, la più affascinante, anche se sa bene che presto dovrà dare lo stop alla produzione del suo capolavoro più famoso. Anzi, forse ne approfitterà per andarsene, lui stesso, a fare altro.

Così all'esposizione ginevrina del marzo 1971 è presentata la versione che affiancherà in listino, senza sostituirla, la Miura S: è la SV (ovviamente, la V sta per "veloce"), che rappresenta lo stadio finale dello sviluppo del modello, la parola definitiva riguardo a una supercar già assoluta. Con un occhio alla Miura Jota di Wallace, sono davvero tante e importanti le migliorie di questa serie, dalla meccanica alla "ciclistica", passando per la carrozzeria.

Il V12, pur restando il quattro litri (3929 cm^3) originario, è ora forte di 385 CV grazie a un rapporto di compressione salito a 10,7:1, per una punta velocistica dichiarata di 300 km/h, un dato fatidico quant'altri mai, che non fa che aumentare l'aura selvaggia attorno a questa GT.

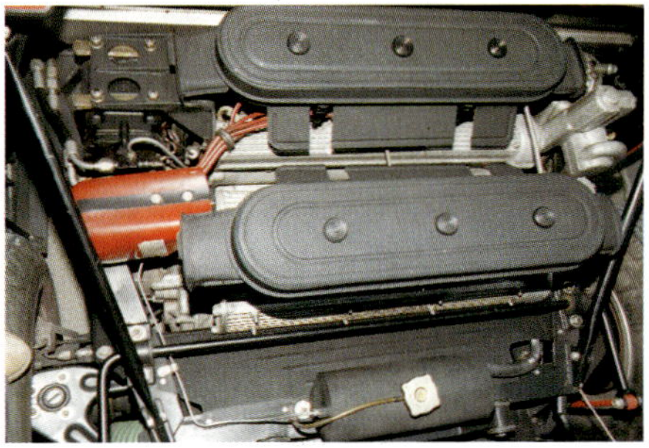

Il propulsore della Miura SV, forte di 385 CV a 7850 giri: dal settembre 1971, motore e cambio avranno la lubrificazione separata.

In alto, il retrotreno della Miura SV, con la carreggiata aumentata di ben 13 cm rispetto alla versione S.

Esercizi del Centro stile Lamborghini sul tema Miura, oggi. Il nuovo corso stilistico della Marca parte con la Concept S del 2005.

Nella pagina a fronte: una nera Miura SV al concorso d'eleganza di Villa d'Este.

Motore e cambio, come accennato sopra, hanno (ma solo dall'autunno 1971) lubrificazione separata, una soluzione che permette alla clientela corsaiola di usufruire di un'unità motrice a carter secco, avvalendosi poi magari, come nel caso della Jota, anche dell'efficienza sportiva di un bel differenziale autobloccante. Le nuove Pirelli allargate e ribassate danno alla SV, ancor più che alle sorelle minori, l'aspetto di una muscolosa belva esotica acquattata prima dell'assalto alla preda: per ospitare quelle dietro, si sono allargati sia la carreggiata sia i passaruota. I freni a disco sono i Girling autoventilanti già adottati sulle ultime Miura S. Il cofano anteriore e posteriore sono sempre in alluminio ma, per motivi di sicurezza, si sono perse le fascinose "ciglia" dei fari davanti.

Ma a inizio 1973, all'improvviso, dopo appena 150 esemplari commercializzati in nemmeno due anni, Ferruccio ferma la produzione della SV: certamente, lo fa perché è scoccata l'ora di un'altra GT simbolo del Toro, la Countach, il cui primo prototipo ha esordito anch'esso al Salone di Ginevra del marzo 1971. Così il modello esce di scena, non senza che siano state respinte le appassionate richieste di Bertone e altri addetti ai lavori di procedere con un ultimo lotto di 50 SV: lo fa da vincente, come si addice ai veri campioni.

Mentre la prima Miura a essere consegnata a un cliente, il nobiluomo piemontese Edilio Raggio, era grigia (e nessuno sa dove sia finita), l'ultima è nera (motore n. 30.756, telaio n. 5110) e il 15 gennaio 1973 finisce nel garage di Ferdinando Innocenti, il nipote del fondatore della Casa di Lambrate, per volarsene in seguito in California. Dopo di che, finita la cronaca lunga 766 esemplari di quest'auto icona quant'altre mai, per la Miura comincia la leggenda.

VILLA D'ESTE

■ Presentazione della prima Countach: è la quattro litri LP400, risultato finale dopo tre prototipi.

■ Nella pagina a fronte: Bob Wallace durante un test della Countach: il suo ranch in Arizona porta il nome di questo modello del Toro.

5000 CM³, 440 CV, 315 KM/H!

La Countach, che di fatto apre il nuovo decennio Lambo, rappresenta la grande occasione di Paolo Stanzani. Prima o poi doveva capitare, ed è dall'improvvisa partenza di Dallara (agosto 1968) che gli addetti ai lavori si aspettano dal progettista, capo dell'Ufficio tecnico e poi anche Direttore generale, qualcosa di grande. Da lui ci si attende, dopo la modesta Urraco di cui ha disegnato la chiacchierata unità motrice e la definizione di Jarama e Miura SV, il colpo di genio: un vero asso nella manica, magari qualcosa di dirompente. Come la Countach LP500.

Quando il primo dei tre prototipi appare al Salone di Ginevra del marzo 1971, sono davvero in pochi (anche tra i fan più sfegatati del marchio del Toro, il leader riconosciuto di questo estremo segmento delle super-granturismo) a pensare che una simile novità possa essere messa in produzione. Al massimo, dicono, si tratterà di una bella esercitazione da Centro stile, ma niente di più. È uno strano oggetto color giallo brillante, di forma romboidale, munito di quattro ruote. Ancora una volta, dopo la Miura, la premiata coppia Lamborghini-Bertone rimescola le carte allo scopo di ottenere la supercar definitiva, a partire dalle prestazioni. E stravolge le regole del gioco con un modello così fuori dalle righe da riuscire, inizialmente, pressoché incomprensibile ai più. In concreto, sono stati Stanzani e Gandini a realizzare il miracolo. Il primo ha montato il classico V12 della Casa, con cubatura maggiorata a cinque litri (4971 cm^3 da ben 440 CV dichiarati, gli stessi della quasi coeva Jota di Bob Wallace), su un nuovissimo telaio

ARCHIVIO PERSONALE TONINO LAMBORGHINI

ARCHIVIO PERSONALE TONINO LAMBORGHINI

Nuccio Bertone e la Countach: il modello di stile definitivo fu deciso soltanto a fine 1970.

Nella pagina a fronte: in alto, una Countach in prova nella galleria del vento e, in basso, un prototipo in allestimento.

da lui stesso disegnato. Nato a struttura mista (sezioni scatolate e tubi quadrati) evolverà poi verso quella definitiva tubolare, sviluppata perfino attorno all'abitacolo, leggera ma ad altissimo grado di rigidezza torsionale e flessionale.

Il motore è collocato in posizione longitudinale-posteriore, con il cambio posto davanti per ottimizzare, centralizzandola, la distribuzione dei pesi. Disposizione più che curiosa, che obbliga l'albero di trasmissione a un doppio tragitto, prima alla leva di comando (attraverso il classico tunnel), poi al differenziale e ai semiassi posteriori (grazie a uno spazio ricavato di fusione lungo tutto il basamento). Inedito e geniale, visto che l'uso delle marce risulta incredibilmente preciso, e anche morbido, avendo (incredibilmente) eliminato elaborati leveraggi e rinvii vari.

Il designer, dal canto suo, ha tratteggiato questo strano parallelepipedo a losanga usando stilemi del tutto nuovi, a cominciare dalla linea che unisce spettacolarmente, pressoché senza soluzione di continuità, l'estremità anteriore del cofano-motore allo specchio di coda: qui, ecco le incredibili luci posteriori esagonali (Gandini "docet") disegnate in modo da combaciare, integrandosi perfettamente, con il disegno della carrozzeria. Ed ecco tutto un susseguirsi di linee tese e spigolose, con pieni e vuoti che mozzano il fiato: tanto la Miura era morbida e piena di curve, tanto la Countach è esattamente l'opposto, con uno stile che detterà legge fino alle soglie del nuovo millennio.

All'interno, ecco inoltre un vero e proprio cockpit, tutto a strumentazione elettronica, degno della saga di *Star Trek* (il retrovisore è a periscopio), mentre le portiere incernierate sul davanti si aprono verso l'alto come elitre, sco-

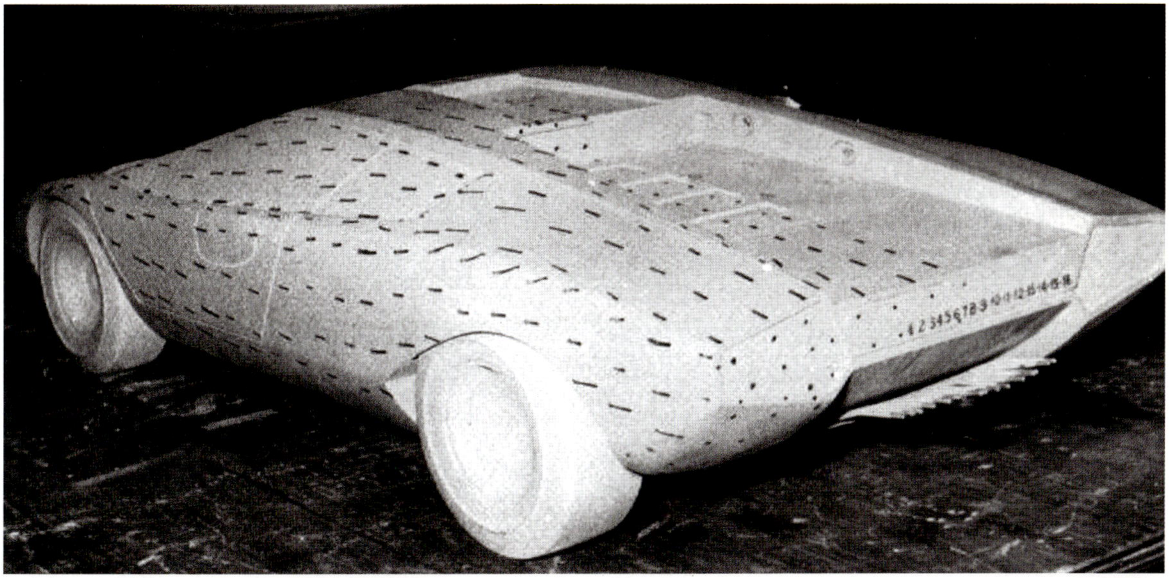
ARCHIVIO PERSONALE TONINO LAMBORGHINI

ARCHIVIO PERSONALE TONINO LAMBORGHINI

prendo un accesso ai sedili a forma di... esagono (ancora la "firma" del grande Marcello!).

E il nome? Deriva da un'esclamazione in piemontese, anzi in dialetto torinese (e non della "provincia larga" cuneese, come pur è stato scritto), che esprime sdegno, meraviglia, stupore. C'è chi dice che la parola sia sfuggita di bocca a qualcuno alla vista della maquette gandiniana pronta a Grugliasco, sede della Bertone. Qualcuno afferma di averla sentita dalle parti di Saluzzo, in occasione di qualche "tirata" stradale di Bob Wallace, appena dopo il ritiro del prototipo. E c'è chi giura che sia stata pronunciata da Nuccio Bertone davanti al primo "figurino" di Gandini.

Una Countach verniciata in rosso: ora più che mai la sfida con i bolidi di Maranello è all'ordine del giorno.

E Ferruccio perse il controllo

Quel che è certo è che i visitatori dell'esposizione ginevrina, spiazzati ma entusiasti, si affrettano a prenotare la nuova, stupefacente Lambo. Quel che loro invece non sanno è che per averla dovranno aspettare tre anni. Due intanto ne trascorrono prima che, sempre a Ginevra, si possa vedere il secondo prototipo Countach. Verniciato di rosso, in un'evidente... provocazione, è il risultato di 24 mesi di prove e collaudi, "filtrati" attraverso il piede pesante di Bob Wallace, allo scopo di mettere in produzione, ma soprattutto rendere utilizzabile tutti i giorni, quell'automobile più di ogni altra proiettata nel futuro. Ormai Ferruccio si è convinto (nel maggio 1972) di realizzare la richiestissima GT in una piccola serie, sulla falsariga di quanto accaduto con la Miura.

Tra le modifiche, spicca la sostituzione del V12 da cinque litri con il collaudato 3929 cm^3 da 375 CV (da cui il nome di

Countach LP400), mentre nell'abitacolo la strumentazione digitale è diventata analogica, infinitamente più intuitiva. All'esterno, rimangono l'inedita ma convincente fiancata a cintura alta (con le nuove prese d'aria tipo NACA) e i corsaioli finestrini in due pezzi e manuali: niente comando elettrico.

Dopo un'ennesima serie di severissimi collaudi da parte di Wallace, arriva il terzo, definitivo prototipo, verniciato in un bel verde metallizzato. E questa è la Countach: una vettura-capolavoro dettata da un'ispirazione improvvisa e subito (a onta dei ritardi nello sviluppo) resa pro-

Il terzo e ultimo prototipo della prima Countach: da notare le prese d'aria, dietro i finestrini laterali, che diventeranno un simbolo del modello.

Ferruccio in mezzo alle vetture della sua collezione personale a Panicarola, sul lago Trasimeno.

dotto-emblema della ricerca lamborghiniana del nuovo. Ora, dietro i finestrini laterali fanno la loro sconvolgente comparsa due enormi, geometriche tasche-branchie d'aria spalancate, adibite a convogliare quanto serve per la respirazione del mostro a dodici cilindri. A esso si attribuisce tanto gagliardo vigore da spingere la nuova "creatura" del Toro alla punta velocistica di 315 km/h, un valore finora riservato alle vetture da corsa. Del resto, ancor più che la Miura, questa belva si guida da sdraiati, nel più puro stile da vettura di Formula. E allora, in esplicito omaggio alle competizioni verso cui anche Stanzani è irresistibilmente portato, ecco anche il grande tergicristallo a pantografo a doppia lama, una grande e una più piccola, ausiliaria.Dopo che i primi esemplari sono assemblati a fine

1973, sempre a Ginevra, nella primavera 1974 esordisce la Countach definitiva, stavolta ancora in giallo, come il primo dei prototipi, e splendente di cuoio naturale (sedili) e pelle scamosciata marrone (plancia) negli interni. L'uso dei colori sgargianti non è altro che la riproposta delle tinte di moda nell'architettura d'interni, oltre che il contraltare alla rigorosa classicità dei blu e dei grigi della tavolozza utilizzata a Maranello in aggiunta al rosso d'ordinanza.

Eppure, mentre la Countach spicca il volo verso gli asfalti del pianeta (con 2085 esemplari costruiti fino al 1990), da Sant'Agata Bolognese se ne va anche Ferruccio.

Ha 58 anni e, dopo la disavventura dei 5000 trattori mai partiti per la Bolivia, stanco della conflittualità che imperversa nelle sue fabbriche, affranto per le draconiane norme anti-pollution e anti-crash che l'implacabile Ralph Nader sta imponendo alle importazioni negli USA, dal 1972 ha ceduto il 51% della quota societaria della Lamborghini Automobili allo svizzero Georges-Henri Rossetti.

Questo trentacinquenne grande e grosso di Neuchâtel, subagente Lamborghini, titolare di una mega-stazione di servizio, è erede di una fabbrica di meccanismi di precisione per orologi, e appassionato di automobilismo.

Quando Rossetti offre 12 milioni di franchi svizzeri per la maggioranza, Ferruccio cede, salvo pentirsi poco dopo, quando tenterà invano di riottenere la quota. Anzi, a seguito di un'offerta pari a 2 miliardi di lire del 1974, il 49% finirà a un altro elvetico, René Leimer, industriale amico di Rossetti. Con i trattori alla SAME, i bruciatori/condizionatori affidati a un plenipotenziario e l'oleodinamica in mano al figlio Tonino, il Nostro se ne va sul lago Trasimeno.

ARCHIVIO PERSONALE TONINO LAMBORGHINI

Ferruccio mostra orgoglioso il vino rosso prodotto nella tenuta La Fiorita in provincia di Perugia.

AUTOMOBILI
LAMBORGHINI

PROTAGONISTI ■ DOMARE MIURA E COUNTACH
Intervista a Valentino Balboni

Valentino Balboni nasce nel 1949 a Casumaro, una frazione di Finale Emilia (Modena). Si diploma all'istituto tecnico e, il 26 aprile 1968, inizia a lavorare come apprendista meccanico presso l'assistenza-clienti della Lamborghini Automobili. Diventato collaudatore, affianca Bob Wallace nei test delle supercar del Toro, ereditandone ruolo e funzione nel 1975, quando il neozelandese lascia l'azienda e parte per gli Stati Uniti.

Com'è iniziata la sua avventura in Lamborghini?

Assolutamente per caso. Avevo appena diciannove anni quando capitai a Sant'Agata Bolognese, davanti al n. 12 di via Modena dove c'era (e c'è) la fabbrica di automobili Lamborghini, proprio nel momento in cui un camion della Carrozzeria Bertone stava scaricando 5 o 6 scocche della prima versione della Miura. Tutto preso dall'entusiasmo, ho dato una mano, ricevendone come ringraziamento l'invito a presentare una domanda d'assunzione. Una settimana dopo ero assunto.

Quando è stato "promosso" collaudatore?

È stato il 5 settembre 1973. Per la prima volta portai fuori da solo una Miura: era una SV. Dopo il test, compilavo per l'ingegner Paolo Stanzani le note delle cose che non andavano, per esempio un ammortizzatore troppo scarico e così via.

Allora, parliamo della Miura.

Diciamo subito che tra il 1968 e il 1973 avevo assistito agli enormi miglioramenti tra la prima e l'ultima versione. Con la SV eravamo arrivati al meglio del meglio, dal minimo regolare al telaio che non fletteva più (grazie allo spessore della lamiera passato da 8 a 12 decimi), anche se qualche bim bum bam allo scarico non mancava...

Quel V12 posteriore trasversale era garanzia di maggiore maneggevolezza e guidabilità?

No. Serviva soprattutto all'estetica, allo stile, a un'aerodinamica rivoluzionaria.

E la Countach, che cosa ha rappresentato?

È stata un'altra rivoluzione, con quel cambio messo davanti al motore. Quell'accentrare le masse ha avuto come conseguenza straordinarie migliorie a livello di guida.

Ma, quei cruscotti un po' troppo banali?

Non c'era tempo di badare troppo alle finezze, a quelle avremmo pensato dopo: intanto, la gente si aspettava da noi una macchina del genere e dovevamo far presto a dargliela...

Insomma, la gente si aspettava un'altra supercar fuori dalle righe tipo la Miura...

Sì, una vettura che volesse dire esclusività, emozioni.

La trazione integrale e le altre migliorie elettroniche delle Lambo più moderne hanno tolto qualcosa a queste aspettative?

No, anzi. Con la trazione integrale eccetera, la macchina è diventata più guidabile e il piacere di stare al volante è aumentato, tanto da arrivare al divertimento puro.

Un ricordo di Bob Wallace?

Un maestro. E un mago, un mago delle macchine.

■ Dicembre 1973: arriva l'austerity. Il governo italiano impone misure di risparmio energetico a causa del repentino aumento del prezzo del petrolio e dei suoi derivati dopo la guerra del Kippur.

■ Nella pagina a fronte, diversi modelli di Countach.

CI SI VEDE AL COUNTACH RANCH!

Cominciano per la Lambo gli anni duri. Nessuno dei due nuovi proprietari sa molto di produzione automobilistica, e questo è già un brutto inizio. Inoltre, la crisi petrolifera seguita alla guerra arabo-israeliana del Kippur è arrivata anche qui, dopo aver sconvolto il settore colpendo ovunque, dalla Maserati alla Aston Martin, alla Jaguar. Venendo a mancare una salutare iniezione di capitali freschi dalla Svizzera, a Sant'Agata Bolognese diventa ben presto critico il rapporto con i fornitori, minacciati nella sicurezza dei pagamenti, e ne risente la continuità della produzione.

Così, dopo che nel 1974, per la mancanza di liquidità da destinare a salari e stipendi, si sono realizzate soltanto mezzo migliaio di vetture, tra Espada III serie, Jarama GTS, Urraco P300 e P200 (e neonata Countach LP400), i dipendenti perdono fiducia nell'azienda e in numero sempre maggiore si volgono altrove in cerca di migliore impiego. La forza lavoro Lamborghini scende rapidamente sotto le 300 unità.

Tra quelli che emigrano (1975) verso altri lidi, almeno un paio sono pressoché insostituibili. Uno è Paolo Stanzani, che lascia la compagnia per dedicarsi all'automobilismo agonistico. L'altro è Bob Wallace, il biondo capo-collaudatore che alla storia della Lamborghini Automobili (e dell'auto tout-court) ha regalato il gioiello chiamato Miura Jota. Il neozelandese parte per gli USA, diretto a Phoenix (Arizona), dove la sua villa, il futuro "buen retiro" per questo cowboy venuto dagli antipodi, si chiamerà nientemeno che "Countach". Attraverso la Bob Wallace Cars Inc. continuerà

ADV 31X
F467 PYE

Nella pagina a fronte: modella in posa con la Bravo, l'affascinante concept car di Bertone del 1974.

Valentino Balboni, storico collaudatore Lamborghini, ereditò le funzioni del grande Bob Wallace.

Ferruccio con la seconda moglie, Maria Teresa.

però a lavorare nel settore, dedicandosi alla preparazione di vetture del Toro e Ferrari. A Bob subentrerà, nel ruolo di capo-collaudatore, un brillante giovanotto del 1949, modenese di Finale Emilia dalla barba rossa: è Valentino Balboni, in ditta dall'aprile 1968 e che vi resterà per oltre quarant'anni, diventandone la memoria storica.

Nel frattempo, già nel 1974, tra chi è stato per tanto tempo vicino a Ferruccio se n'è andato anche qualcun altro. È la moglie Annita, che ha ottenuto il divorzio una mattina d'estate proprio mentre le campane delle chiese attorno al tribunale di Bologna suonavano il mezzogiorno. Di lì a poco nel cuore del Nostro (che non ha mai nascosto la propensione verso chi è più colto di lui e che, da eterno fidanzato, esibisce l'anello nuziale all'anulare destro) arriverà un'altra insegnante: Maria Teresa, di Monfalcone, che gli darà una figlia, Patrizia.

Dalla Bravo alla Silhouette

Quasi a battezzare l'insediamento della proprietà venuta dalla Svizzera, nel 1974 ha visto la luce, alla classica esposizione torinese di fine autunno, il prototipo della Bravo: ancora un termine spagnolo che indica un toro da combattimento destinato alla corrida. È una concept car che, sotto la carrozzeria a cuneo disegnata da Bertone, adotta in posizione posteriore-centrale trasversale i gruppi meccanici della Urraco da tre litri (modello che la nuova arrivata dovrebbe sostituire, se ci fossero i soldi per un'altra produzione seriale) forte di 260 CV per 260 km/h dichiarati. Le 44 alettature rettangolari sui cofani ripren-

lamborghini
BRAVO

dono forse le griglie della Miura, mentre i bei cerchi in lega leggera sono inediti, con i cinque grandi fori a cilindro che diverranno uno dei segni distintivi delle future Lambo. Un buon risultato del design di Gandini è l'apparente "continuum" delle superfici vetrate anteriori con i montanti del parabrezza e le giunture dei cristalli laterali nascosti ad arte attraverso la loro colorazione scurissima.

I test su strada di Wallace, Balboni e colleghi si sono prolungati, prima del Salone, per ben 40.000 km. Ma per rivedere questa gialla berlinetta a V8, che Bertone definiva affettuosamente «un inevitabile anacronismo», occorrerà

■ Presentazione della Silhouette: il nome del modello è associato a quello della Urraco, dalla cui versione P300 deriva la neonata "piccola" del Toro.

in seguito andare a Grugliasco, al museo privato di Nuccio.

Ancora un prototipo Lambo, questo però destinato quantomeno a essere riprodotto in 54 esemplari in tre anni, è la spider Silhouette presentata a Ginevra nel marzo 1976 e già vista in fabbrica, in un'anteprima per la stampa, il precedente 26 febbraio.

Sulla carta, è il primo vero modello del nuovo corso svizzero, la prima "scoperta" di serie che il Toro dovrebbe opporre alla Porsche, con il suo hardtop staccabile tipo Targa e l'esteso roll-bar di sicurezza sotto cui riporlo. Come si conviene a un propulsore derivato dalla Urraco P300, il V8 è collocato in posizione posteriore-centrale trasversale: è forte di 260 CV per i soliti, dichiarati, 260 km/h. Ma nella prova su strada di "Quattroruote" fermerà il cronometro a 243 km/h e spiccioli, un dato troppo modesto per la viziata clientela del Marchio. Inoltre la "piccola Lamborghini" costa anche troppo, quasi 18 milioni di lire (a giugno 1976), un prezzo non troppo distante da quello della coeva e infinitamente più desiderabile Countach.

Certo, con quel bel nome sportivo che ricorda la neonata categoria del Mondiale Marche, inaugurata proprio nel 1976, la novità meriterebbe più fortuna, perché è un mezzo gagliardo, stabile, divertente e anche ben rifinito. Tanto più che, a dare una mano alla sua definizione, è stato di nuovo interpellato come consulente l'ingegner Dallara: per esempio, è sua l'idea schiettamente corsaiola di predisporre l'utilizzo di pneumatici a sezione larghissima e ultraribassati: i famosi Pirelli P7. Di fatto, la Silhouette paga lo scarso successo per i troppi errori legati allo sviluppo dell'Urraco, di cui è, bene o male, l'erede.

La Silhouette, grintosa ed equilibratissima "scoperta" tipo Targa a V8 posteriore-centrale trasversale.

VERSO IL FALLIMENTO

Mentre solo la Countach si vende sempre bene e porta ossigeno alle asfittiche casse della Casa bolognese, dal 1976 si registrano i tentativi della dirigenza (soprattutto di Leimer) per esperire nuove linee di sviluppo, intese a rafforzare il traballante equilibrio aziendale.

Prima viene trovato un accordo preliminare con la BMW Motorsport (dal 1972, la divisione sportiva della Marca bavarese, fondata e diretta dall'ex pilota tedesco Jochen Neerpasch) per la realizzazione in piccola serie di una vettura corsaiola a 6 cilindri in linea in posizione posteriore-centrale: disegnata da Giugiaro, diventerà la grintosissima M1.

Appena dopo, su sollecitazione e progetto di una società statunitense (MTI, Mobility Technologies International), a Sant'Agata Bolognese si avvia la realizzazione del prototipo di un veicolo fuoristrada "all terrain" (per utilizzo militare) ad alte prestazioni e ad altissima mobilità: la Cheetah.

Crisi energetica o no, si parla di una commessa di alcune migliaia di esemplari (probabilmente dai facoltosi Stati del Golfo Persico), per i quali il committente USA si occuperà di tutto, dalla fornitura dell'unità motrice (un V8 yankee) alle speci-

Una Countach del 1974, il modello che, facendo sistematicamente "cassa", permise di traghettare la Marca attraverso anni bui.

ARCHIVIO PERSONALE TONINO LAMBORGHINI

fiche della filiera produttiva, stile compreso. Predisposto il prototipo (1977), ci si accorge dell'impossibilità di proseguire a causa di notevoli problemi sia di ordine tecnico sia legale, e tutto viene bloccato, per poi tornare in auge cinque anni più tardi.

A ruota, purtroppo, le scarse garanzie di solidità aziendale portano a una crisi nella collaborazione (per la verità, un po' snobbata) con i tedeschi. Per la Casa del Toro si innesca un ulteriore, angosciante periodo di congiuntura negativa, tra la confusione generale e momenti di stasi al

Una BMW M1, la sportiva berlinetta della Motorsport.

In alto, Cheetah, prototipo in esemplare unico del primo fuoristrada Lamborghini.

Un disegnatore dell'Ufficio tecnico al lavoro per la progettazione motori.

limite della paralisi, che sfocerà ad agosto 1978 nell'amministrazione controllata: una misura legislativa durante la quale i proprietari sono privati del potere decisionale.

Il rischio del fallimento è dietro l'angolo.

Per scongiurarlo, o quantomeno rimandarlo il più a lungo possibile, a fine anno il tribunale di Bologna (nella persona del giudice Mirone) affida la tutela della Lamborghini Automobili a un commissario di sua nomina: il noto commercialista e revisore di conti Alessandro Artese.

Nella disgrazia è un colpo di fortuna, vista la caratura del personaggio: un occhialuto quarantatreenne dai mille interessi, dal tennis alla scrittura (è suo il romanzo thriller ***Ghost Writers***), ma soprattutto un vero appassionato di automobilismo. Viene nominato un nuovo direttore tecnico, l'ingegner Giulio Alfieri, l'artefice dei propulsori che hanno fatto grande (e vittoriosa nelle corse) la Maserati negli anni Cinquanta e Sessanta, e "deus ex machina" di quella Biturbo che tra non molto rilancerà la Casa del tridente dopo il "matrimonio" fallito con la Citroën.

Il grande progettista, cacciato da Modena nel 1975 con un classico gesto d'imperio del nuovo "padrone del vapore", Alejandro De Tomaso, è ben lieto di mettere mano alle unità motrici (e non solo) della giovane marca del Toro. Sotto la sua guida e quella di Ubaldo Sgarzi (l'indimenticato responsabile commerciale), si tiene duro puntando sul fascino del Marchio, sull'appeal della Countach (da inizio 1978, come vedremo, anche in versione S) e sulla fattiva solidarietà delle concessionarie, tra le quali spiccano la milanese Achilli Motors e la bolognese Emilianauto.

Senza indugio, si tentano varie soluzioni che possano

rivitalizzare l'azienda. Con l'Aston Martin, a inizio 1979, sembra concretizzarsi un intervento. Tutto inutile.

Pochi mesi più tardi sembra praticabile una gestione temporanea del finanziere tedesco Raymond Neumann, che ha rilevato a un prezzo irrisorio la proprietà del Toro dagli svizzeri e che si porterà a casa 400 milioni dell'americano di origine ungherese Zoltan Rety, per l'estemporaneo passaggio di mano del pacchetto azionario. Quando, però, si tratterà di sancire l'"affidamento in prova", i consulenti del tribunale di Bologna decidono di soprassedere perché le garanzie di sviluppo (si parla di una GT a quattro porte) e quelle bancario-patrimoniali risultano insufficienti, tanto da portarli a dichiarare il fallimento (28 febbraio 1980) e la messa in liquidazione della Lamborghini Automobili.

Si tratta ora di passare alla vendita all'asta al migliore, cioè più affidabile, offerente. E come speravano Mirone e Artese, quest'anno di interregno ha permesso di individuare un nuovo referente cui affidare le sorti della Marca.

■ Un'immagine della Lamborghini Automobili, in via Modena 12 a Sant'Agata Bolognese.

FERRUCCIO: DAL TRASIMENO CON FURORE

Una Jalpa, 1981, quasi il simbolo del nuovo corso della Lamborghini.

Passano, infatti, alcuni mesi e in piena estate 1980, mentre l'attività produttiva sopravvive a malapena grazie alla Countach S, ormai costruita e commercializzata solo su prenotazione, agli orecchi degli ultimi fedelissimi (Sgarzi e Balboni in testa, ma anche alcune decine di coraggiose maestranze) arriva una strana, quasi incredibile notizia.

I giovani fratelli francesi Patrick e Jean-Claude Mimran, grandi appassionati di auto sportive ma soprattutto ricchissimi imprenditori nel ramo alimentare (proprietari, tra l'altro, di enormi piantagioni di canna da zucchero in Senegal, fin dall'epoca coloniale), hanno costituito la Nuova Ferruccio Lamborghini Automobili S.p.A. allo scopo sia di proseguire e incrementare la produzione (concessa "in affitto" dal tribunale) sia di concorrere alla futura asta indetta dalla locale Sezione fallimentare.

A differenza dei precedenti proprietari, il duo transalpino non esita a immettere capitali freschi per rivitalizzare l'azienda. Già all'esposizione ginevrina del marzo 1981, nell'elegante stand che pubblicizza orgogliosamente la giovane ragione sociale della famosissima Casa, arriva il frutto del nuovo corso, la Jalpa, mentre appena quattro mesi prima il coraggioso Bertone ha presentato il prototipo della Athon: di entrambe ci occuperemo tra poco.

La citata vendita all'incanto è convocata per il 23 maggio 1981. Nella sala pressoché deserta arriva al banditore una sola offerta, pari a 3 miliardi e 850 milioni di lire (puntualmente versati alcuni giorni dopo, anche a copertura dei debiti pregressi per un paio di miliardi), da parte del-

ARCHIVIO PERSONALE TONINO LAMBORGHINI

l'avvocato che rappresenta il ventiquattrenne, entusiasta, impaziente Patrick. Le garanzie relative vengono ritenute più che buone e si sommano alla riconosciuta affidabilità generale dei personaggi in gioco: è a loro che, finalmente, viene concesso l'acquisto del glorioso Marchio.

In pochi sanno che, negli stessi giorni, dal suo "buen retiro" tra ulivi, cipressi, campi di granoturco e filari di viti in riva al Trasimeno, Ferruccio ha tentato (complice affettuoso l'ingegner Stanzani) di entrare in lizza coi francesi, offrendo però 400 milioni in meno. Svaniva così l'ultimo, nostalgico tentativo del Nostro di tornare in possesso della "sua" fabbrica, sette anni dopo averla ceduta.

Lui, ormai stabilmente installato nella tenuta La Fiorita a Panicarola, un paesino tra Chiusi e Perugia, commenterà il tutto con la solita, veemente grinta, parlando di giudici che più che di un «vecchio meccanico» si sono fidati di un «ragazzino pieno di soldi».

Ferruccio nella sua tenuta con un trattore, una Miura e una Countach.

La Countach LP400 S: la vista laterale con portiere alzate lascia intuire la laboriosità dell'accesso a bordo per pilota e passeggero.

Nella pagina a fronte: 1978, Walter Wolf, l'ispiratore della versione S della Countach, con Jody Sheckter (al centro).

PERSI PER PERSI, MEGLIO PERVERSI

Ma è ora di fare un passo indietro: dobbiamo tornare al 1978 per raccontare la curiosa genesi della serie S della Countach. L'erede della strepitosa LP400 nasce grazie alla passione del canadese Walter Wolf che l'anno prima si è conquistato un posto di primo piano in Formula 1, con tre vittorie di Jody Sheckter alla guida della neonata vettura della sua Scuderia. A Sant'Agata Bolognese è ormai in scadenza la fine-produzione della Countach prima serie (opportunamente posticipata da fine 1977) e dell'Espada, mentre per l'anno successivo si prospettava quella delle sfortunate Urraco e Silhouette.

Il ricchissimo e pittoresco petroliere canadese ha di recente affidato le sue tre Countach personali alle cure dell'ingegner Dallara, richiedendo modifiche che rendano il modello ancora più estremo, sia nella meccanica sia nella "ciclistica" sia nell'estetica. Il motore è stato adeguatamente pompato (a partire dalla cubatura, portata a cinque litri), sono state aggiunte appendici aerodinamiche (dallo spoiler anteriore al voluminoso alettone posteriore deportante, in puro stile Chaparral), mentre i parafanghi sono stati allargati per ospitare i nuovi pneumatici super-ribassati Pirelli P7 già visti sulla Silhouette.

Su esortazione soprattutto di Sgarzi, la nuova dirigenza del Toro capisce che per uscire dalla congiuntura negativa occorre praticare proprio la strada che Wolf ha indicato. Se è vero che sul pianeta Granturismo, dalla fantastica Miura all'ineffabile Countach, Lamborghini è ormai simbolo di eccesso, tanto vale restare fedeli alla linea.

GOOD YEAR
Castrol
Walter Wolf
Racing

Come dice il proverbio: "Persi per persi, meglio perversi"! Così, la terza vettura di Wolf (che alcune indiscrezioni danno anche in predicato come imminente neo-proprietario della Casa), spettacolarmente "riletta" da Dallara, farà da prototipo da Salone (Ginevra 1978) alla seconda serie della LP400, la S. Solo l'alettone non c'è più, in obbedienza alle norme del Codice della strada in vigore all'epoca in Italia, anche se qualcuno ha giustamente affermato che mai come su questa GT una simile appendice sarebbe stata irrinunciabile. In fin dei conti, è o non è il Bertone-Gandini-pensiero la diretta emanazione nostrana dello stile "flam-

L'inconfondibile frontale della Countach LP400 S. L'alettone del prototipo definitivo è stato eliminato per problemi legislativi, ma pensate a come sarebbe stato perfetto al retrotreno!

boyant", quel "gotico fiammeggiante" portato fino a Grugliasco da Mario Revelli di Beaumont, il maestro di Nuccio?

Comunque sia, la grande ala è presente in catalogo unicamente come optional. Gli interni, pur lussuosi, esibiscono la solita plancia un po' banale con tachimetro e contagiri ancora troppo separati e poco visibili attraverso il volante. E continua a latitare l'azionamento elettrico dei vetri laterali, un benefit che verrà "concesso" soltanto sull'ultima, definitiva versione della Countach, la Anniversario (o 25) del 1988.

Pur senza la grande ala posteriore, la LP400 S ha sufficienti argomenti di sostanza e di stile per stupire di nuovo il settore e far impennare le ordinazioni, anche se la produzione purtroppo ristagnerà, per l'atteggiamento negativo dei fornitori. Il colpo d'occhio offerto dai nuovi stilemi gandiniani (a suon di sovrastrutture e giochi di pieni e vuoti) è impressionante, e convince soprattutto osservando fiancate e coda.

Ancora per qualche mese la Countach S si affiancherà in listino alla versione "normale". Il perché della strana coabitazione è presto detto: la potenza diminuita (da 375 a 345 CV) per favorire il normale utilizzo su strada del bolide, il peso cresciuto di oltre due quintali (da 1065 a 1300 kg) e l'aumentata superficie d'attrito delle gomme P7 (le posteriori sono delle enormi 345/35 VR 15) hanno abbassato di qualche chilometro la velocità massima del modello, oltre che "rallentato" l'accelerazione. Siamo pur sempre oltre i 275 km/h di punta, con 5,9 secondi da 0 a 100 km/h, ma sono limature che non passano inosservate agli occhi di una clientela così sofisticata.

Interni e bagagliaio della Countach LP400 S. A fronte della raffinatezza delle finiture, manca uno studio ergonomico dell'abitacolo.

Una Countach LP500 S: un esemplare fece da apripista al GP di Montecarlo di F1 del 1981, proseguendo in un rito caro alla marca del Toro.

In seguito si correrà ai ripari: nel giugno 1981, negli stessi giorni in cui Patrick Mimran firma l'assegno da 3 miliardi e 850 milioni di lire per perfezionare l'acquisto del tesoro di Sant'Agata Bolognese, arriverà la Countach LP500 S (321 esemplari commercializzati in quattro anni). Con un V12 da 4764 cm^3 (come per le elaborazioni di Dallara per Wolf) per 375 CV di potenza e oltre 300 km/h (5"6 da 0 a 100) a onta dei quasi 15 quintali da spingere, e la sigla "5000" ben chiara sullo specchio di coda, sarà la vettura che nel 1981

aprirà il XXXIX GP di Montecarlo. Tornando alla LP400 S (237 esemplari dal 1978 al 1982), il giudizio dei tester dell'epoca evidenzierà, a fianco di prestazioni comunque entusiasmanti, una guida tutto sommato regolare e anche confortevole, nonostante la laboriosità dell'ingresso nella vettura, alta (o meglio, bassa) 107 cm, appena due in più della Miura. Infine si sottolineerà come dall'abitacolo, definito "artigianale all'italiana", la visione posteriore sia di fatto preclusa al pilota. Noblesse oblige.

■ Bertone alla presentazione della Athon. Il grande carrozziere torinese non ebbe dubbi, pur in una congiuntura negativa, nel presentare la novità Lamborghini.

■ Nella pagina a fronte: in alto, la Athon e, sotto, i suoi esclusivi interni.

ATHON, LO SPIDER IMPOSSIBILE

Nel frattempo, come accennavamo, Bertone nel 1980 ha presentato al Salone di Torino la Athon, dimostrando, pur nel pieno della crisi Lamborghini, tutta la sua fiducia nel marchio del Toro, che peraltro ha clamorosamente contribuito a imporre nel settore. È una vettura scoperta disegnata da Marc Deschamps (Marcello Gandini ormai lavora in proprio) sugli stracollaudati gruppi meccanici della Urraco P300, anzi della più recente Silhouette. Ma come vedremo è troppo avveniristica per andare in catena di montaggio, se pure nell'ottica della piccola serie, e rimarrà un ammirevole "studio d'automobile" in esemplare unico.

Deschamps, nuovo responsabile del Centro stile a Grugliasco, è un trentaseienne già designer presso Peugeot e Citroën (qui ha messo mano alla fantastica SM con motore Maserati) e, in seguito, autore di ottime cose come la compattissima Lotus Emotion (1991). Quasi come logica conseguenza di quanto indica il nome del modello, derivato da quello dell'antica divinità egizia del sole e dell'aria, la Athon non ha alcuna copertura disponibile per l'abitacolo. Alla guida di questo cuneo affusolato e aggressivo, verniciato in grigiofumo metallizzato, pilota e passeggero sono sistemati in una sorta di cockpit un po' straniante, difronte a un volante monorazza e a una plancia da veicolo aerospaziale (tra strumenti digitali e indicatori grafici della coppia motrice realizzati sperimentalmente dalla milanese Veglia Borletti) sovrastata da un parabrezza talmente inclinato e incurvato da distorcere leggermente la visione. Per non parlare della leva del cambio "a coltello", che sembra più un elegante esercizio stilistico che lo strumento per selezionare le cinque marce del V8. Insomma, sulla Athon è tutto troppo estremo, anche per una Lamborghini. Ma non per questo il lavoro di Bertone è da considerare meno che ammirevole.

Intanto, il veicolo è un prototipo da Salone perfettamente funzionante e, in questa fase ingrata della storia della Casa bolognese, ottiene quantomeno un risultato: tenere vivo l'interesse per un Marchio che quasi tutti gli addetti ai lavori danno per morituro, testimoniando una volta di più l'affettuosa e beneaugurante riconoscenza del carrozziere torinese nei confronti del Toro.

Una Jalpa prima serie: sui nuovi cerchi in alluminio da 16" di primo equipaggiamento, monta le famose gomme Pirelli P7, le anteriori 205/44 VR 16, le posteriori 225/50 VR 16.

Jalpa, l'ultima "baby Lambo"

Passano pochi mesi e alla Athon segue la Jalpa 350, una berlinetta "spider tipo Targa" presentata a Ginevra 1981 con grande successo di critica, se non di pubblico, a celebrare la rinnovata stabilità per il recente arrivo a Sant'Agata Bolognese dei citati fratelli Mimran.

Il prototipo da Salone esibisce una livrea di un bellissimo color bronzo chiaro metallizzato (richiama il dorato dei nuovi cerchi in lega d'alluminio già visti sulla Athon) ed è dotato di un grande alettone posteriore che scomparirà in fase produttiva. La novità sarà costruita fino al 1988 in due serie, per un totale di 421 esemplari: non sono grandi cifre, ma sufficienti a testimoniare il ritorno del Marchio sul mercato, dopo la batosta del fallimento.

Il nome del modello deriva ancora una volta (dopo la parentesi della Athon) dalla tauromachia: è quello di una zona della Spagna famosa per la razza omonima di tori da combattimento che vi sono allevati.

La "scoperta" di Sant'Agata Bolognese eredita, migliorandole, gran parte delle soluzioni tecnico-estetiche della Silhouette, a cominciare dall'unità motrice: il V8 bialbero, ancora collocato in posizione centrale-posteriore trasversale, avrà in sede definitiva la cilindrata di tre litri e mezzo per 255 CV e circa 235 km/h di punta velocistica.

È l'ultima volta che la Lamborghini produce una vettura a 8 cilindri di serie ma, come estrema erede della Urraco, anche la Jalpa non è un gran successo. È una due posti secchi dal comportamento da vera sportiva, come rilevano i numerosi test dell'epoca, che sottolineano il carattere un po' scorbutico del motore (per cui si auspicherebbe l'alimentazione a iniezione), l'imprecisione dello sterzo e la tendenza al bloccaggio dei freni, se usati al limite. Il restyling del 1984 introdurrà sullo specchio di coda due coppie di fari rotondi nel più puro "stile Maranello", anche se di misura più piccola.

Fuoristrada da Mille e una notte

Il 1981 è l'anno della ripresa in esame di un fuoristrada di Casa Lamborghini, erede della sfortunata Cheetah.

Dapprima, sulla sua scocca, accanto a un cambio automatico Chrysler, vengono adattati due diversi motori posteriori: un poderoso V12 bolognese (4754 cm³ per 370 CV) e un più tranquillo V8 da 5900 cm³ e 180 CV, dell'americana AMC, montato sul prototipo LM 001. Da esso deriva, nel 1982, l'LMA 002 a motore anteriore che dall'anno seguente può anche usufruire (come LM 004) del V12 dedicato da sette litri (420 CV) progettato da Giulio Alfieri.

Il prototipo della Jalpa, nella sua originale livrea color bronzo chiaro metallizzato.

Un fuoristrada LM 002 aerotrasportato: forse è per qualche sceicco arabo, visto il colore sobrio?

È infatti grazie alla sua impronta tecnica, discreta e sapiente, che il mito del Toro pare abbia finalmente trovato un nuovo nume tutelare; tanto più che il progettista, nel 1986, diventerà Direttore generale.

Proprio quell'anno, il fuoristrada verrà commercializzato (come LM 002) con un V12 da 5167 cm^3, forte di ben 455 CV: la stessa unità motrice della coeva Countach Quattrovalvole. La velocità massima tocca i 200 km/h, il cambio è a 5 marce manuali, la trasmissione a 2 o a 4 ruote motrici con gomme sperimentali (le future Pirelli Scorpion) mentre gli interni, tra pelle, legno e moquette alta due dita, sono lussuosi e confortevoli come quelli di una GT. A parte le... rastrelliere delle armi.

Se ne venderanno, a un prezzo degno di uno sceicco delle ***Mille e una notte***, ben 301 esemplari destinati, non a caso, a clienti come re Hassan II del Marocco. Nel 1990 arriverà in listino (a oltre 220.000.000 di lire) anche la versione a iniezione elettronica e catalizzata, destinata prevalentemente al mercato USA. Come nei Paesi del Golfo, anche da queste parti, sulle dune del Nevada, il fatto che l'esclusiva "all terrain" (anticipatrice dei moderni SUV) a poco più di 50 km/h percorra solo 5 chilometri con un litro di benzina non crea eccessivi problemi.

Nel frattempo, nel 1985, per aggiornare la Countach, è arrivata la versione Quattrovalvole, venduta in 631 esemplari, a ben 188.500.000 lire.

È un avvenimento storico, perché con l'occasione è stato sottoposto alla prima vera "rilettura" di sostanza il V12 di Sant'Agata Bolognese, sulle scene ormai da oltre un ventennio. La causa scatenante è stato l'arrivo sul mercato, l'anno prima, delle performanti Ferrari GTO e Testarossa; ma si sa che anche Aston Martin e Porsche non hanno perso tempo durante la grande crisi di Casa Lamborghini. Ovviamente è l'ingegner Alfieri a occuparsi del lavoro, che escluderà ogni forma di sovralimentazione.

Si parte dalla maggiorazione della cilindrata (da 4754 a 5167 cm^3, grazie all'aumento della corsa) e dalla nuova geometria dei condotti di aspirazione (è l'ora di tornare ai carburatori verticali, sei Weber doppiocorpo 44 DCNF), per arrivare alla distribuzione a quattro valvole per cilindro. Il risultato finale è una potenza di 455 CV per circa

Sopra, particolari di cambio e telaio dell'LM 002. Sotto, un fuoristrada della serie LM.

■ Lee Iacocca, il famoso italo-americano, presidente della Chrysler.

■ Sandro Munari con una Countach. L'ex campione di rally aveva la doppia funzione di PR e consulente tecnico.

300 km/h effettivi; ma a Nardò, nei test di omologazione, si sfiorano i 315. Valori di "cavalleria" e velocità massima con cui non solo è stracciata la Testarossa, ma è messa fuorigioco anche la GTO, orgogliosa dei suoi due turbocompressori. Il Toro è ancora in vetta al mondo.

La "veste" della Quattrovalvole è tutta in alluminio, tranne i cofani in kevlar. Peccato per quella "minigonna" che fa da presa d'aria-raccordo nel sottoporta tra i passaruota, e che sembra prelevata d'imperio da una recente Ferrari.

L'ultima Countach

Arriva il 1986 in un clima di ritrovata serenità. Ormai si producono quattro Countach alla settimana, faticando a tener testa alle ordinazioni, mentre prosegue a ritmo blando la commercializzazione della Jalpa, sotto la guida di Emile Novaro, l'efficiente presidente-uomo di fiducia dei Mimran. Entra in Ufficio tecnico, come responsabile, l'ingegner Luigi Marmiroli: un baffuto trentunenne modenese proveniente dal team Alfa Romeo F1 e con precedenti esperienze anche in Ferrari e Minardi. Sarà lui il padre della Diablo, futura erede della Countach.

Tra scene di genuino entusiasmo delle 306 maestranze, il 15 dicembre 1986 la nera Countach numero 1000 scende da una delle due catene di montaggio che furono della Miura: un dato decisamente strabiliante, perché riferito alla migliore, e costosissima, auto sportiva del pianeta.

Ma, soprattutto, il grande merito di questo straordinario modello è stato quello di aver dato ossigeno, per quasi un ventennio, alle asfittiche casse della Marca, scongiurando così il rischio della chiusura definitiva e preparando il terreno per la futura rinascita. In totale, durante l'anno si sono prodotte e vendute 238 auto, per un fatturato di circa 26 miliardi e mezzo di lire.

È in quest'atmosfera di fattivo ottimismo che, il 23 aprile 1987, arriva a sorpresa la notizia della vendita dell'azienda alla Chrysler per 30 milioni di dollari. L'idea iniziale dei Mimran era di trovare un partner che supportasse a livello finanziario il processo di espansione in fieri, mentre si verificava la possibilità di una cessione in toto. A spingere per appropriarsi della piccola ma ultra-prestigiosa

La Countach Anniversario, presentata nel 1988 per celebrare il venticinquesimo anniversario aziendale, beneficia di un misurato restyling e del necessario aggiornamento nelle finiture e nelle dotazioni di bordo.

Luigi Marmiroli, padre della Diablo e responsabile tecnico, dal 1986 al 1988, a Sant'Agata Bolognese.

Nella pagina a fronte: un avvenimento raro, una variopinta sfilata di Countach e Diablo.

Marca bolognese è stato Lee A. Iacocca, una leggenda nel mondo dell'automobile d'Oltreoceano. Italo-americano, grande appassionato di auto sportive, è diventato presidente della più piccola delle tre major dell'auto di Detroit. E tale è la sua ammirazione per il marchio del Toro che, a trattativa conclusa, andrà "in pellegrinaggio" sul lago Trasimeno con uno spettacolare seguito di ben 30 vetture, in visita d'omaggio a Ferruccio.

La nuova proprietà conferma Novaro alla presidenza, Marmiroli alla direzione tecnica e assume come addetto alle PR (e consulente tecnico) un certo Sandro Munari. Ampliati gli stabilimenti, l'attività aziendale può ripartire alla grande.

Nel 1988, accantonati i prototipi della Genesis, una sgraziata monovolume, e quello della P140, una "piccola Lamborghini" che montava un V10 da quattro litri, a settembre scocca l'ora dell'ultima versione della Countach, la Anniversario, a coronare i 25 anni della Marca.

I "duri e puri" diranno che la grinta originaria si è persa un po' per strada, specie nello stile, eppure l'estrema novità si venderà nell'arco di due anni in 658 esemplari. L'ultimo dei quali, color argento, vedrà la luce il 4 luglio 1990, per un totale complessivo di 1997 unità, record aziendale.

Lamborghini
countach
5000

PROTAGONISTI ■ CON FORGHIERI IN FORMULA 1

Un motore prestazionale come il V12 Lamborghini non poteva non interessare al mondo delle competizioni, nonostante il no al riguardo del costruttore, anche se su questo argomento l'ingegner Gian Paolo Dallara, come noto, non la pensa così! Ecco, allora, i tentativi di far correre (in pista e fuori) una macchina del Toro, dalla 350 GT a oggi, passando per la Miura (gare negli USA), la Islero (prove alla 24 Ore di Le Mans), la Jarama e la Urraco nella "rilettura" rallistica di Bob Wallace (già "autore" della straordinaria Miura Jota), la Countach (protagonista, con la versione LP500 S, nel Gruppo C), la Diablo (una VT partecipa, con Sandro Munari alla guida, alla Tasmanian Cup) e la Murciélago R-GT (nel 2001 e nel 2004).
La Casa, da parte sua, ha organizzato campionati monomarca dedicati, dal Lamborghini Supertrophy del 1996 per la Diablo SVR a quello per la Diablo GTR (dal 1999 al 2001), fino all'attuale (2009) Lamborghini Blancpain Super Trofeo, definito "il campionato monomarca più veloce del mondo", con protagonista la Gallardo LP560-4 in versione "pronto gara".
Tralasciando qui l'attività sportiva della Marca in motonautica e con veicoli fuoristrada, va detto che la più importante connection Toro-competizioni avvenne con la Lamborghini Engineering. Fondata nel 1987 (in epoca Chrysler), con sede a Modena in via Nazioni 95, a darle forma venne chiamato Mauro Forghieri, l'ex guru del Reparto corse Ferrari: dovrà farsi carico della selezione dello staff e dell'organizzazione della nuova struttura. L'obiettivo immediato era la progettazione, costruzione e commercializzazione di un V12 (ma per un po' si pensò a un V10) aspirato da tre litri e mezzo dedicato alla F1. Ne nacque un motore potente, leggero e stretto, adattabile a molti telai. Fu adottato da team come la Lola Larrousse (1989-

1990-1992), la Lotus (1990), la Minardi (1992) e il Modena Team (1991), espressione diretta della Marca, mentre nel 1993 arrivarono le lodi del grandissimo Ayrton Senna, dopo alcuni suoi test del propulsore montato sulla sua McLaren.
Alla fine di quell'anno, tutto terminò a causa di alcune disavventure finanziarie.
Ricordando quella coraggiosa ma sfortunata vicenda, ci dice Forghieri: «Il lato positivo della cosa fu che avevamo avuto carta bianca per un progetto ex novo da sviluppare con idee nuove, anche riguardo al telaio poi realizzato da Monfrini. Il lato negativo fu la sopravvenuta mancanza di disponibilità finanziarie che fece tracollare il tutto. Il momento più emozionante fu la doppia prova del nostro motore da parte di Ayrton Senna, a Silverstone e all'Estoril nel settembre e ottobre 1993. Il suo commento fu positivo ("It's very good") anche se aggiunse che "it needs more power"».

Mauro Forghieri in Oral Engineering, l'azienda di progettazione e costruzione di prototipi da lui fondata nel 1995.

Nella pagina a fronte, Mauro Forghieri alla presentazione, nel 1991, del team Lambo di Formula 1, la squadra modenese che utilizzava il V12 Lamborghini. Il pilota in piedi al suo fianco è Nicola Larini.

DIABLO: PROGENIE INFINITA

Nella pagina a fronte: la presentazione della Diablo.

L'alimentazione del V12 della Diablo adotta un sistema di iniezione elettronica tipo Multipoint sviluppato dalla Casa con Weber e Magneti Marelli.

La Diablo del 1990, versione eponima di un'infinita progenie, è progettata da Marmiroli per superare la Countach con qualcosa di diverso e più attuale, soprattutto in funzione delle sempre più pressanti norme internazionali di omologazione. Il nome, tanto per cambiare, è quello del toro che, l'11 luglio 1869, si scontrò sulla sabbia della Plaza de toros di Madrid con José De Lara detto El Chicorro.

Tutto è partito dalla Countach Restyling (1986), che affrontava il problema del non ottimale Cx (coefficiente di penetrazione aerodinamica) del modello, compromesso dalla miriade di appendici e prese d'aria, e dall'Evoluzione (1987), ulteriore prototipo sperimentale con un inedito telaio in carbonio e compositi tipo honeycomb.

In produzione, il V12 bialbero da 5,7 litri a 48 valvole, forte di 492 CV per 327 km/h effettivi, è collocato su un leggero telaio a traliccio di tubi quadrati in acciaio, in posizione centrale-posteriore longitudinale, sempre con il cambio davanti. L'alimentazione è ora a iniezione elettronica, un evidente tentativo di "civilizzare" l'erogazione di cotanta cavalleria.

Ancora una volta tocca a Marcello Gandini, da una decina d'anni indipendente dalla Bertone, rivestire da par suo la nuova "creatura" di Sant'Agata Bolognese, con tutti sempre consci che lo stile di una Lambo pesa almeno per il 50% sul successo complessivo di un modello. Lo stile del primissimo prototipo gandiniano è definito "terrific" dalla Casa madre di Detroit, che si intestardisce nel volerlo stravolgere, affidando il compito a un suo designer, Tom Gale.

FIRE ALARM
Lamborghini
A CHRYSLER COMPANY
Diablo

È una Diablo 6.0 SE la Lamborghini che Nicolas Cage e Angelina Jolie rubano in *Fuori in 60 Secondi*, film di Dominic Sena del 2000.

In virtù di un coevo contratto del grande Marcello, quelle linee selvagge vanno così a fare da livrea alla coeva Cizeta a 16 cilindri, la GT in piccolissima serie realizzata a Modena da Claudio Zampolli in società con il compositore Giorgio Moroder, cultore di auto sportive.

A causa di questo intoppo e di ulteriori bisticci tra la vecchia dirigenza e la nuova proprietà, il lancio della Diablo avviene soltanto il 20 gennaio 1990, con un paio d'anni di ritardo sul previsto. È una vettura compatta e dalle linee meno aggressive di quelle della Countach: insomma, a livello di stile la belva è stata addomesticata. I brancardi sono sempre una derivazione di quelli cripto-ferraristi proposti da Deschamps per la Quattrovalvole.

■ Ferruccio Lamborghini insieme a Claudio Zampolli.

Ferruccio, dicono, non riconosce la nuova vettura del Toro come una delle "sue" creature, prodotti di nicchia, estremi e trasgressivi. E non solo perché da ormai sedici anni ha ceduto la fabbrica. In compenso, gli interni ridisegnati dallo yankee Bill Dayton, del Centro stile Chrysler, testimoniano (e anche questa è una prima volta per una GT del Toro) di un serio tentativo per offrire a pilota e passeggero finiture curate, oltre che lussuose.

Tutti questi sforzi sono premiati dalle vendite, che salgono dalle 30 unità del 1990 alle 607 del 1991, salvo scendere a quota 166 nel 1992 per gli effetti di una crisi del settore, di origine internazionale, che durerà un anno intero, con tanto di cassa integrazione per gran parte delle 350 maestranze e di dimissioni per Novaro. Quando il mercato riparte, ai primi del 1993, arriva un nuovo presidente, Timothy Adams, e anche la Diablo VT (Viscous Traction), catalizzata e a trazione totale (non integrale, tipo la Audi Quattro, mancando il differenziale centrale, sostituito dal giunto viscoso della sigla), dotata di "sospensioni intelligenti". È un bolide che va da 0 a 100 km/h in 4"09 e tocca i 325 km/h. Nel primo anno se ne venderanno (al prezzo di 350.000.000 di lire) 169 unità, che saliranno a 248 l'anno dopo, per un totale di 400 unità.

ADDIO, FERRUCCIO!

Per l'ambiente del Toro sarebbe di nuovo tornato il sereno, se la sera del 5 febbraio 1993 Ferruccio Lamborghini non fosse improvvisamente colto da malore.

Accade al termine di un'intervista televisiva ("Barba e capelli") presso un'emittente locale (la TEF di San Sisto, alla periferia di Perugia). Portato al vicino ospedale Silvestrini, il Nostro tiene duro per due settimane finché si spegne alle ore 20 del giorno 20, nella sua stanza al sesto piano.

Come è noto, ha trascorso l'ultima parte della sua vita a La Fiorita, la tenuta sul lago Trasimeno dove ha fatto piantare migliaia di viti, che producono 500.000 bottiglie di vino all'anno. Sono il pregiato rosso Sangue di Miura, il profumatissimo bianco Madonna del Busso e un apprezzato rosé secco. A dargli una mano nell'impresa era arrivato dall'Alto Adige Giorgio Gray, enologo raffinato, in seguito a sua volta produttore di un Pinot Noir leggendario. In quegli anni, sono state molte le visite dal passato a far due

■ Vino di produzione Lamborghini, sullo sfondo il frontale di una Miura.

chiacchiere con il Nostro, che a tutti diceva: «L'Umbria mi ha allungato la vita di almeno vent'anni», o ad ammirare il suo piccolo museo personale...

Verrà seppellito nel cimitero del paese dov'era nato settantasei anni prima: davanti alla chiesa di Renazzo, la guardia d'onore gliela faranno alcune sue GT (il "sogno nella nebbia" secondo il suo amico Sgarzi) schierate silenziose nel piazzale. Da allora, nella ex piazza delle Rimembranze che ora porta il suo nome, sul muro di destra del campanile c'è una lapide in onore di Ferruccio: una frase ricorda come il costruttore abbia portato «il nome di Renazzo nel mondo». Poi verrà eretto proprio lì davanti anche un monumento, mentre nella tarda primavera del 2007, a Bologna e nei teatri del Ferrarese, andrà in scena lo spettacolo ***Nel segno del toro***, di Lorenzo Guandalini, dedicato a quella vita straordinaria.

Una coinvolgente immagine di Ferruccio, in affettuosa contemplazione del suo vino.

Tommy Suharto, figlio del presidente indonesiano.

Vittorio Di Capua, lo sperimentato manager che "sponsorizzò" il progetto Murciélago.

Sbarco dall'Indonesia

Nel settembre 1993 va in listino la Diablo SE (Special Edition), "tirata" in soli 150 esemplari per i 30 anni della Casa: 520 CV e 330 km/h, ma con il kit di trasformazione Jota si arriva a 600 CV e 340 km/h.

Verso fine anno, con i dipendenti risaliti a quota 420, è decisa l'ennesima compravendita della Marca, formalizzata il 24 gennaio 1994 con la cessione della quota azionaria di maggioranza alla indonesiana Megatech, il resto alla connazionale V'Power (in mano a Tommy Suharto, figlio minore dell'allora presidente del Paese asiatico) e all'immobiliare malese MyCom Sedtco. La manovra vale 35 miliardi di lire, e in pochi mesi si succederanno ben due presidenti, Indrajit Sardjono e Michael J. Kimberley.

Per la Marca iniziano anni estremamente sofferti, con la produzione a livelli troppo bassi (248 vetture vendute nel 1994, 208 nel 1995, 211 nel 1996, 209 nel 1997, 213 nel 1998) e la preoccupante mancanza di idee nuove, se si esclude il prototipo da Salone (1995) della Calà. Il nome è preso da un'esclamazione in dialetto piemontese, e si tratta di una bella berlinetta firmata Italdesign, erede, se pur in un solo esemplare, della P140, la "piccola Lambo" di otto anni prima: una V10 con motore posteriore-centrale trasversale di quattro litri, con 400 CV per 300 km/h.

Nello stesso anno arriva la Diablo VT Roadster, una "scoperta" tipo Targa da 492 CV per ben 332 km/h effettivi. Il 1996 porta l'esemplare unico della Raptor disegnata al computer (senza maquette) dalla SZ Design, ex Zagato, ed è una poco convincente coupé trasformabile in "barchet-

ta", dotata di trazione integrale e compressore Z-Engineering, che porta la potenza del V12 a quota 620 CV. Ma del 1996 è soprattutto la Diablo SV, affiancata dalla versione sportiva SVR, alleggerita e spartana. Nel 1998 arriverà la versione SV Roadster, a due ruote motrici, con tettuccio tipo Targa. Nel frattempo, verso la fine del 1996, ad agosto, a reggere le sorti della Casa è chiamato Vittorio Di Capua, ex-manager FIAT, che mette in cantiere il progetto 147, la futura erede della Diablo, parte integrante di un programma complessivo volto all'ammodernamento del Marchio. Al riguardo, si interpellano anche i clienti e gli addetti ai lavori in una sorta di referendum propositivo, ed una novità per la Casa di Sant'Agata Bolognese.

Si riordinano i conti e i dipendenti sono stabilizzati a quota 310: tra chi se ne va, purtroppo, ci sono Luigi Marmiroli (sostituito alla Direzione tecnica dall'ingegner Massimo Ceccarani) e Sandro Munari. Poi, il 24 luglio 1998, arriva l'Audi e niente sarà più come prima.

Gli stemmi di Lamborghini e Audi.

In alto, le Diablo SVR 1996, protagoniste del trofeo monomarca.

FINALMENTE I TEDESCHI

L'Audi, del Gruppo Volkswagen, è da tempo in contatto con la Casa del Toro per una ventilata fornitura dei gruppi meccanici del sofisticato V8 bavarese da destinare a una futura "piccola Lambo" erede della Jalpa.

Gli inviati a Sant'Agata Bolognese riportano nella sede dell'iper-tecnologico Marchio dai quattro cerchi (dal 1964 alla periferia di Ingolstadt) notizie decisamente buone sulla piccola ma prestigiosa Marca italiana. La gestione è tornata rigorosa e alla perdurante indisponibilità di cash flow fa riscontro una notevole attenzione allo sviluppo del prodotto. Il presidente del Gruppo tedesco, il sessantunenne austriaco Ferdinand Piech (nipote di Ferdinand Porsche), ne è da sempre un fervido ammiratore: lui, il leggendario "professore" padre di 12 figli ed ex responsabile del Reparto corse del Marchio di Stoccarda, nonché inventore della trazione integrale sulla Quattro del 1980, l'auto dal rivoluzionario telaio a "space frame".

Secondo una logica commerciale di accorpamento di marchi minori, tipica dell'epoca, nonostante le difficoltà d'intesa con i padroni asiatici della Lambo, Piech vuole a tutti i costi acquisire l'azienda.

Nell'orbita del Gruppo tedesco, ha ben chiaro che essa troverà stabilità e risorse di ogni tipo, ma soprattutto credenziali tecniche impeccabili e all'avanguardia, nonché istanze produttive innovative in grado di esaltare la raffinata (e già indiscutibile) personalità delle sue supercar.

Dopo una prima lettera d'intenti (12 giugno 1998), il 24 luglio a Londra è firmato il contratto di vendita del pac-

Ferdinand Piech (a destra nella foto), presidente del Gruppo Volkswagen.

Nella pagina a fronte: la sede centrale della Audi, dal 1964 a Ingolstadt, in Germania.

Audi
PAF HL 30

■ Giuseppe Greco, nel 1999 presidente della Holding Lamborghini.
In alto, Franz-Josef Paefgen, primo presidente del nuovo corso del Toro.

chetto azionario, operazione perfezionata il 4 agosto. A tutt'oggi non sappiamo la cifra esatta della transazione, ma è certo che a breve, sotto la guida del presidente (anche della Audi) Franz-Josef Paefgen, nel nuovo gioiello della corona vengono investiti ben 250 miliardi di lire, spalmati su quattro anni, ovvero più di tre volte il bilancio (73 miliardi) del Toro nello stesso 1998.

Si avvia un'indagine rigorosa sul prodotto, mentre come responsabile dello stile arriva il trentacinquenne belga, ma peruviano di nascita, Luc Donckerwolke, astro in ascesa della Casa madre, già disegnatore della fascinosa concept car Rosemeyer. A lui verrà affidato il disegno dell'erede della Diablo, la Murciélago.

Nel 1999, mentre Giuseppe Greco, ex gruppo Fiat, diventa presidente della Holding Lamborghini, va in listino la sportivissima Diablo GT, "tirata" in soli 80 esemplari.

Sei litri di cubatura, iniezione elettronica, 575 CV, 320 km/h effettivi: sono i dati principali di questa vettura tutta in fibra di carbonio (tranne il tetto in acciaio e le portiere in alluminio) che rappresenta un ulteriore step evolutivo del modello. Emblema della ritrovata serenità aziendale dopo molte tensioni causate dal traballante assetto societario, a fine 1999 è dotata anche di un sistema retrovisore con telecamera e schermo LCD, integrato con il satellitare.

Arriva anche la GTR da corsa (in 30 unità) destinata al trofeo monomarca: forte di 590 CV e circa 330 km/h, esibisce spartani vetri laterali fissi in plexiglas e un alettone posteriore, fissato non al cofano-motore ma direttamente al telaio. Nel 2000 va in listino la Diablo 6.0, sempre a iniezione elettronica, ma con l'aspirazione impreziosita dalla fase variabile tramite attuatori idraulici. Anche lo scarico (pure a controllo elettronico) è, incredibilmente, regolabile, per gestirne i decibel di troppo. Soltanto a dei tedeschi può essere venuta l'idea di una simile raffinatezza, ovvero di disciplinare quelli che per l'appassionato sono armonici (musica) e non decibel (rumore)!

Allo stile ha messo mano Donckerwolke, che s'impegna con successo nell'implementare il livello estetico e le finiture di alta qualità, già notevoli nelle recenti versioni del modello. Nel 2001, il ciclo Diablo si chiude definitivamente con la SE in edizione limitata (40 esemplari): pelle, carbonio e magnesio sparsi a piene mani.

Metà produzione esibisce una tinta giallo-oro detta Elios, l'altra metà un incantevole marrone-bronzo chiaro metallizzato denominato Eklipsis.

La Diablo GTR da corsa.

La Diablo GT stradale, "tirata" in soli 80 esemplari.

La Murciélago del 2001, prima vettura del nuovo corso del Toro sotto l'egida Audi. Qui è con Christian Bale sul set di *Batman begins* (2005), il blockbuster diretto da Christopher Nolan.

MURCIÉLAGO, UN PIPISTRELLO SULL'ETNA

La Murciélago del 2001 è la supercar Lambo simbolo del nuovo corso, nonché del decennio che si apre: a estate 2009, gli esemplari venduti si avvieranno verso quota 4000. È il primo vero frutto di un clima aziendale fatto di certezze (disponibilità finanziaria, modernizzazione, ristrutturazione) indispensabili per chi si trova a operare in un segmento di mercato sempre più volubile e selettivo.

L'inedita coupé a due posti e a due porte è presentata la sera del 7 settembre 2001 addirittura sulle pendici dell'Etna, dopo una lunga gestazione (ben sette prototipi) iniziata ad autunno 1998. Nell'arco dei tre anni il tema Murciélago ha impegnato a fondo il team tecnico di Ceccarani, allo scopo di perfezionare il prodotto secondo gli altissimi standard qualitativi richiesti dalla Casa madre.

Si adotta il V12 bialbero da sei litri, tutto in lega leggera di alluminio, dell'ultima Diablo, ora forte di 6200 cm^3 e 580 CV per 330 km/h effettivi e 3"6 da 0 a 100 dichiarati, collocato in posizione posteriore-centrale longitudinale e sottoposto a numerose modifiche.

Alla fasatura variabile delle valvole, intervenendo sia sull'albero a camme dell'aspirazione sia su quello dello scarico, e all'iniezione elettronica si aggiungono ora i condotti di aspirazione a lunghezza variabile, frutto di lunghe sperimentazioni di Ceccarani, al fine di ottimizzare l'erogazione della potenza ai bassi e medi regimi di rotazione e non solo "in alto". Non manca il controllo elettronico dei due gruppi farfallati, il cosiddetto "drive by wire" che permette al piede destro del guidatore di gestire con estrema

finezza la coppia a disposizione e dunque la guida, mentre a breve seguirà il velocissimo cambio elettro-attuato, al volante, in alternativa al manuale classico, a 6 marce.

La lubrificazione a carter secco ha permesso di abbassare di 5 cm il baricentro della GT, migliorando bilanciamento e stabilità, mentre la trasmissione a quattro ruote motrici con giunto centrale viscoso fa il resto in termini di motricità. Infine, ad agevolare la gestione del carico aerodinamico dello strapotente mezzo provvede (in automatico) la piccola ala posteriore, ulteriore garanzia per reazioni istantanee, spesso di vitale importanza, del pilota.

Last but not least, per la prima volta una supercar di Sant'Agata Bolognese è assolutamente in regola con le norme anti-inquinamento più avanzate, USA compresi.

Il telaio tubolare è stato commissionato alla torinese Tesco per l'ingegnerizzazione e alla ATR di Colonnella (Teramo) per la costruzione del prototipo: grazie alla presenza

La Murciélago del pre-lancio del modello a Taipei (Taiwan).

In alto: il poderoso V12 della Murciélago realizzato in lega leggera d'alluminio.

Nella pagina a fronte: i raffinati interni bianchi firmati Versace della LP640 Roadster.

La berlinetta Murciélago LP640 dal caratteristico profilo affusolato a coda tronca.

strutturale della fibra di carbonio incollata all'acciaio, eccelle in rigidezza sia torsionale sia flessionale.

La linea guida nell'elaborazione dello stile (che dapprima era in mano a Bertone e poi, definitivamente, opera di Donckerwolke) è l'abbandono della tormentata sequenza di pieni e vuoti, nemica giurata del Cx ma finora ritenuta indispensabile al raffreddamento del potentissimo motore.

Alla prova dei fatti, si è visto che questa esigenza tecnica interessa non più del 15% del tempo di utilizzo della vettura. E si è provveduto altrimenti.

Così, alle due grosse aperture anteriori e ai due enormi estrattori posteriori si aggiungono sui brancardi, sopra i passaruota posteriori, delle prese d'aria attive, cioè ad apertura variabile ad ali di pipistrello in funzione della richiesta (elettronica) di raffreddamento dei radiatori.

Soluzione indubbiamente brillante, ispirata alla ricerca aeronautica dove il connubio (poi bauhausiano) forma-funzione detta legge. Finalmente muso e coda sono uniti ar-

monicamente, con linee di assoluto nitore eppure muscolose, aggressive. Come è stato già ben detto, il designer belga è andato con successo "alla ricerca del codice genetico Lamborghini".

Quanto al nome (in spagnolo "pipistrello"), dettaglio importante per un modello emblematico della nuova avventura internazionale del Marchio, è quello di un toro dell'allevamento del navarrino Joaquín del Val, che il 5 ottobre 1879, nell'arena di Cordova, sopravvissuto a ben ventiquattro stoccate del torero Rafael Molina, venne da lui stesso graziato per il coraggio e la resistenza dimostrati. Leggenda vuole che questo campione sia il capostipite della futura razza andalusa Miura.

Venduta con successo (232.371 euro il prezzo nel 2005), la superlativa, titanica, spaziale Murciélago vede andare in seguito a listino le versioni Roadster (2004), LP640 Coupé (2006), LP640 Roadster (2007).

Di queste, la prima ha la stessa potenza della coupé ma una velocità "ridotta" a 320 km/h; la seconda, "tirata" in soli 299 esemplari, ha la cilindrata portata a sei litri e mezzo per una potenza che sale a 640 CV per 340 km/h; la terza è una "scoperta" a trazione integrale da 330 km/h, anche in edizione Versace, tutta bianca.

Nella primavera 2009 arrivano la LP650-4 Roadster, in 50 unità (650 CV, circa 330 km/h) in una bella livrea grigio Telesto, dal nome di un satellite di Saturno, e arancio. Segue la LP670-4 SV (350 esemplari previsti) alleggerita di un buon quintale, tanto che hanno sostituito ai pellami la più leggera microfibra di Alcantara. Con 670 CV, 342 km/h e soli 3"2 da 0 a 100, è davvero un pipistrello Super Veloce.

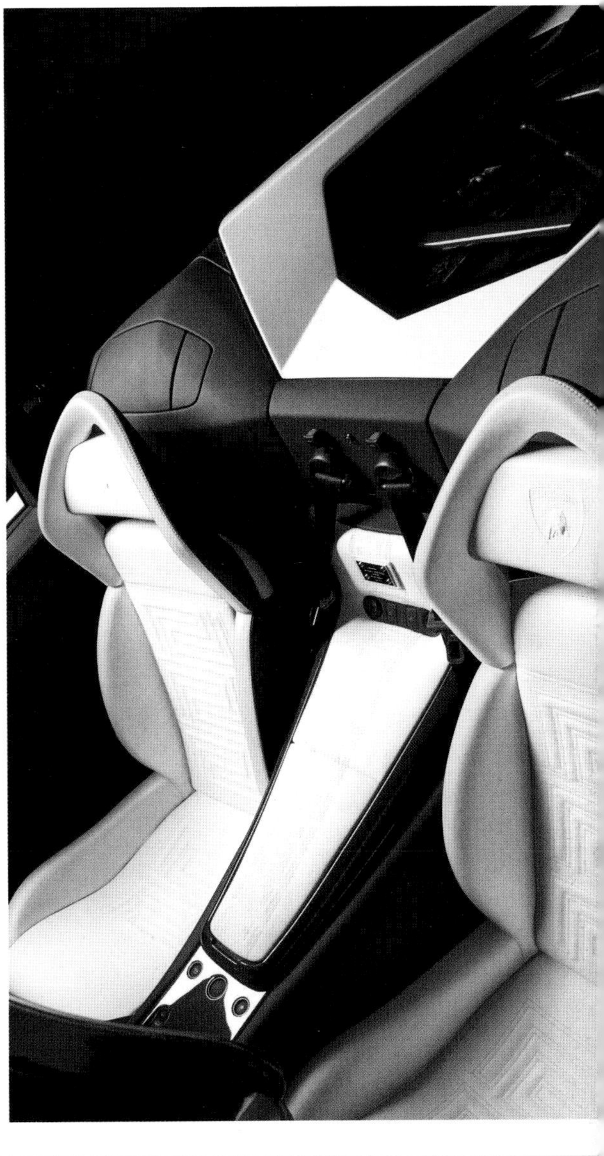

SUPERTROPHY

Intervista a Valentino Balboni

Oggi Balboni è un gentile sessantenne, tuttora agile e snello, in pensione dal 2007 dopo quarant'anni di lavoro presso la Marca di Sant'Agata Bolognese. È ancora lì, a prendersi cura dei clienti, a occuparsi di restauri, pronto a partecipare a un evento del Marchio, ma soprattutto a raccontare con il solito entusiasmo, da vera e propria memoria storica della Casa, la bella favola di quelle automobili.

Un bel giorno del 2001, è arrivata la Murciélago...

Sì. E la Murciélago ha voluto dire un piacere di guida assolutamente inedito, che è stato frutto di un grande miglioramento del prodotto, con poco romanticismo e tanta moderna praticità.

Ci parla del sistema di trazione integrale a giunto viscoso centrale?

Devo dire che l'ho apprezzato senza riserve fin da quando è stato introdotto sulla Diablo VT. Era, ed è, garanzia di una guida facile e sicura, al limite del divertimento. E pensare che, quando presentammo questo sistema, è stato più che altro per sorprendere il mercato...

Lei, come l'aveva presa?

Pensavo che i progettisti fossero diventati tutti matti. Ma come, togliermi il piacere di "giocare" al volante, di fare le curve tutte di traverso come ero abituato a fare (all'epoca c'era meno gente in giro!)?

Poi, invece?

Poi mi sono accorto che, per esempio, proprio le prestazioni in curva erano diventate incredibili! Occorre anche ricordare che il collaudatore per sua natura ha un grande spirito di adattamento alle novità.

Lei che cosa ha curato soprattutto durante lo sviluppo del modello?

Come al solito si faceva di tutto, dal collaudo su strada alle regolazioni, in modo da riferire alla produzione tutto quanto c'era da risistemare: tutti facevamo di tutto.

Poi, arrivò la Gallardo.

La Gallardo ha voluto dire soprattutto il nuovo motore a V10, che è stato scelto per sottolineare ancora una volta la differenza tra noi e gli altri costruttori del settore: tutti avevano già o il 6 o l'8 o il 12 cilindri, così noi... Insomma, è stato il "commerciale" a decidere!

Quando, nel maggio 2004, la Casa ha donato la prima delle due Gallardo alla Polizia di Stato, ha fatto lei da istruttore per gli agenti che l'avrebbero poi pilotata?

Sì, mi sono occupato io, con altri, di insegnare loro a gestire quei 500 cavalli sotto il piede destro...

La Gallardo sta ottenendo un successo strepitoso nelle vendite anche perché è impeccabile dal punto di vista delle norme anti-inquinamento.

Sì, è proprio così. Possiamo, anzi, dire che da quando queste regole lasciano spazi ridottissimi di manovra, per un costruttore di motori essere innovativi in questo campo viene addirittura prima della curva di erogazione della potenza. Noi stiamo già pensando alla normativa del 2012...

Lamborghini

GALLARDO, IL TORELLO PIÙ VENDUTO

Ancora il nome di un toro da combattimento per la "piccola" che esordisce nel 2003 e intende battersi innanzitutto contro la Ferrari 360 Modena e la sua erede, la 430. Anzi, Gallardo è una delle cinque razze alla base della tauromachia, quella, forte e aggressiva, creata nel XVIII secolo nell'allevamento di Francisco Gallardo e dei suoi fratelli, a Puerto de Santa Maria (Cadice). Peraltro, lo spagnolo "gallardo" corrisponde all'italiano gagliardo, aggettivo davvero azzeccato per il nuovo bestseller di Sant'Agata Bolognese.

Il modello, che sostituisce la Jalpa, nasce come Lambo sportiva ma da usare "tutti i giorni", con prestazioni elevatissime ma accoppiate a un comfort assoluto. Una supercar del Toro non impegnativa come l'astronave su ruote Murciélago, ma ben più maneggevole e finalmente con maggiore visibilità posteriore.

È una coupé a due posti lunga solo 4,3 metri, dunque 28 centimetri meno della "Murci", che adotta un V10 (per molti l'optimum fra gli aspirati, anche in F1) al posto del trentennale V12 della Casa. Collocato in posizione centrale-posteriore longitudinale, ha le bancate a 90 gradi, dunque è più basso di quello con apertura classica a 72 gradi. Assieme all'adozione della lubrificazione a carter secco, che riduce di ben 5 cm l'ingombro verticale dei gruppi meccanici, la novità regala al pilota una visione posteriore quasi, e sottolineiamo il quasi, decente.

Il motore (cui ha messo mano per la parte termica la Cosworth, dal 1998 in orbita Gruppo VW) è un bialbero in te-

■ Nella pagina a fronte: sulla Gallardo, la copertura in vetro del V10 è a richiesta. In evidenza, i cerchi da 19".

■ Il V10 posteriore-centrale longitudinale è in alluminio: le teste e il basamento sono prodotti nella fabbrica di Gyor, dal 1993 sede di Audi Hungaria.

Il cambio delle marce sulla Gallardo, nella versione E-gear, è attuato tramite due leve dietro il volante. Ci sono tre diverse modalità selezionabili di cambiata: normale, sport e automatica.

sta a quattro valvole da 4961 cm^3, 500 CV e 310 km/h. Tutto in alluminio, pesa solo 215 kg, ha una coppia... gagliardissima (410 Nm a 4500 giri, per l'80% sfruttabile già a quota 1500) grazie al collettore d'aspirazione a geometria variabile e alla distribuzione con valvole di aspirazione e scarico a fasatura anch'essa variabile.

Il pedale dell'acceleratore comanda, come già sulla Murciélago, il drive by wire. Tutto questo garantisce un'erogazione ideale della strapotente cavalleria, spalmata a tutti i regimi e non solo "in alto", come avveniva un tempo sulle selvagge supercar del Toro.

Alla faccia dell'iniezione elettronica, il consumo di carburante è pazzesco: 5 chilometri con 1 litro ad andatura da passeggio. Del resto, questo non è un problema per i cinquemila fortunati che, già entro marzo 2007, acquistano la Gallardo, diventando oltre 9000 nell'estate 2009.

Il cambio a 6 marce (in prima si toccano i 106 km) è, a scelta, manuale o elettroattuato (E-gear) al volante. Posizionato dietro al motore, determina esiti finali di straordinario bilanciamento delle masse in gioco: 42% all'avantreno, 58 al retrotreno.

Il resto, per quanto riguarda l'eccezionale motricità della "piccola" bolognese, lo fanno la trasmissione integrale, le nuove sospensioni con ammortizzatori autoregolabili Koni e le gomme Pirelli PZero su inediti cerchi da 19", che permettono dischi freni maggiorati con ABS ed ESP.

Sono anche disponibili, in optional, i dischi CCB (Carbon Ceramic Brake) in carbo-ceramica, da 380 mm davanti e 356 mm dietro. Il telaio, tutto in alluminio, è costruito dalla Audi nei suoi impianti di Neckarsulm vicino a Stoccarda, nella ex sede della NSU. Ha una struttura a "space frame" come quella della A8, con una "gabbia" esterna di tubi che reggono i pannelli di alluminio della carrozzeria (saldati, rivettati o avvitati) oltre che i paraurti in termoplastica (imbullonati). Per la livrea, ci si è ricordati del bel prototipo da Salone della Calà (1995) che aveva fatto avvicinare la Lambo alla Italdesign. E dunque Fabrizio Giugiaro, figlio del fondatore Giorgio, ha ricevuto l'incarico di individuare gli stilemi giusti per una proposta di base poi sviluppata da Donckerwolke, così com'era avvenuto per la Murciélago con i contatti iniziali con Bertone.

Più tardi, a fine 2005, il belga-peruviano andrà a disegnare le nuove SEAT, e a dire con passione la sua su questo e altri aspetti del prodotto penserà anche il neo-presidente della marca del Toro, Stephan Winkelmann.

Nel caso della Gallardo l'ispirazione aeronautica è ancora più evidente che sulla Murciélago e ha portato alla realizzazione di un volume senza sbalzi con un abitacolo molto avanzato, fari verticali (i prestigiosi Bi-Xenon sono a gas, con coroncina di led) romboidali "a lama di rasoio" e coinvolgenti prese d'aria anteriori a trapezio scaleno, la stessa forma del corto parabrezza spiovente. La linea di cintura è alta (per una GT del Toro è

Gallardo in allestimento negli stabilimenti Lamborghini.

Le portiere della Gallardo, come già sulla "piccola Lambo" Jalpa, si aprono in modo tradizionale.

La Gallardo in dotazione alla Polizia Stradale.

Nella pagina a fronte: sopra, la Gallardo Spyder; sotto, la Superleggera. Entrambi i modelli sono in tiratura "limitata".

così, come si ricorderà, dai tempi della prima Countach), mentre le porte si aprono in modo tradizionale, quasi a riservare l'apertura a "taglierina" alle V12 della Casa. La coda è imponente, da vero razzo spaziale, mentre all'interno del raffinato abitacolo il volante, suprema finezza corsaiola, ha la corona smussata in basso per favorire l'accessibilità del pilota.

La produzione inizia a marzo 2003 (con i dipendenti già risaliti verso quota 750) e nel dicembre 2004 un esemplare viene donato alla Polizia Stradale italiana per usarlo soprattutto sull'autostrada A3, la famigerata Salerno-Reggio Calabria. Ben 50 agenti vengono addestrati per la sua guida iperveloce: tanto meglio, dato che nell'ottobre 2008 la vettura verrà sostituita da una LP560-4 da ben 560 CV.

A settembre 2005 (quando il modello base è in vendita a 145.901 euro) arriva la preziosa versione SE, la Special Edition in soli 250 esemplari, con 520 CV e quasi 315 km/h. A inizio 2006 va in listino la Spyder da 520 CV (sole 250 unità l'anno) mentre a ottobre piomba sul mercato l'affascinante Gallardo Nera (185 esemplari) in due livree, Nero Serapis (dal nome di un'antica divinità egizia) e Nero Noctis. Infine nel marzo 2007 è pronta la versione Superleggera già presentata a Ginevra 2006.

Con un quintale di massa in meno dei 1430 kg originari e 530 CV, corre a oltre 315 km/h. Con tanto di alettone fisso, si vende (in circa 620 esemplari) a 189.331 euro.

Ecco poi la LP560-4 di Ginevra 2008: 5200 cm^3, 560 CV, 325 km/h e un frontale più sagomato e appuntito: un richiamo alla Reventón, di cui tra poco diremo, presentata l'anno precedente.

DC 237 JW

A fine 2008, al Los Angeles Auto Show, arriva la sua versione "scoperta", ovvero la LP560-4 Spyder. Ancora 5200 cm^3, 560 CV e 325 km/h per l'ennesima Lambo da favola, fulminea e accessoriata di tutto punto; per azionare automaticamente il softop occorrono non più di 20 secondi. Il prezzo? 169.920 euro più IVA.

"Toro rampante" è il titolo esplicito della prova su strada di "Quattroruote" (dicembre 2003) che esalta, oltre al resto, la «precisione di guida millimetrica» e la «facilità di utilizzo». Ma, sono o non sono le due parole del titolo una sorta di consacrazione del vittorioso esito di una rincorsa qualitativa al mito del Cavallino durata 35 anni?

■ Stephan Winkelmann, attuale presidente Lamborghini. Nato a Roma, è l'ispiratore dell'ultima fase produttiva della Marca, periodo coronato da un grande successo commerciale.

Solo scelte vincenti

Nel frattempo, da aprile 2002, alla presidenza della Automobili Lamborghini è Martin Winterkorn, fino all'elezione (2005) di Werner Mischke e a quella definitiva, pochi mesi più tardi, di Stephan Winkelmann.

Figlio di genitori tedeschi, con un padre funzionario della FAO a Roma, l'attuale gran capo della Lamborghini nasce nella Capitale, dove mette le sue radici socio-culturali ricavandone un caldo imprinting che segnerà il suo destino e quello delle più recenti supercar del Toro. Perché è innegabile il fatto che aver giocato da piccolo con bambini e giocattoli italiani, unito al dichiarato amore per il Bel Paese, lo spingerà da grande a realizzare altri "giocattoli" a motore dalla personalità ben precisa.

La sua fedeltà al Marchio nato per "épater le bourgeois", di cui svilupperà il lato aggressivo ma senza stravolgerlo con opzioni spurie, sarà il plus di vendita decisivo delle vetture del Toro. Oggi, chi vuole una Lamborghini non cerca un'Aston Martin DB9 né una Bugatti Veyron.

Insomma, per molti è stato Winkelmann l'elemento catalizzatore definitivo del rilancio della piccola Marca emiliana, il migliore interprete del mix vincente fra tradizione culturale locale e innovazione tecnologica venuta da fuori.

Perché è giusto ricordare che le migliorie tecnologiche d'avanguardia delle Lambo sono frutto di un lavoro svolto dalla Casa stessa grazie al supporto di un'azienda come l'Audi, forte di quasi 50.000 dipendenti, di cui 5.000 ingegneri e oltre 25 miliardi di euro di fatturato annuo.

In un'esaltante escalation, le vendite delle supercar di Sant'Agata Bolognese passano da 265 vetture nel 1999 a 2430 nel 2008. Un risultato decuplicato rispetto al primo anno del "nuovo corso", in un vero e proprio work in progress che ha tra le sue linee guida la ricerca costante di qualità e affidabilità. L'incremento è favorito da campagne pubblicitarie radicate sul nostro territorio (pur se destinate all'estero), apparentemente minimaliste ma in realtà molto coinvolgenti. È anche a questa strategia che il fatturato darà ragione, con quasi 480 milioni di euro a fine 2008, di cui una sessantina di utile netto.

Nel 2005, quasi a chiudere una prima fase della nuova era, viene presentata la Concept S, con meccanica di derivazione Gallardo. Si tratta di un prototipo di "barchetta", in esemplare unico, che pur nelle sue linee estreme prefigura le nuove "scoperte" del Toro della famiglia Gallardo.

Gli stilemi sono di Walter de' Silva, il designer lecchese classe 1951, entrato in Alfa Romeo nel 1986, passato al

La notevole Concept S del 2005, messa a confronto con la Miura Concept dell'anno seguente, testimonia di una ricerca tecnico-stilistica a 360°.

Manfred Fitzgerald, l'ultimo a destra nella foto, gran capo di Brand & Design della Casa del Toro dal gennaio 2007.

Gruppo Volkswagen nel 2000, infine capo-disegnatore in Audi (2003) e responsabile dei marchi SEAT e Lamborghini. Nel dicembre 2005 è direttore del Centro stile Lambo, dopo la partenza di Donckerwolke. Da buon italiano, non fatica a recepire le direttive di Winkelmann: rigorosa attenzione al passato con una visione ben chiara del futuro. Così, pochi giorni dopo la nomina, a gennaio 2006, presenta il suo biglietto da visita: la Miura Concept, una coraggiosa "rilettura" della leggenda su gruppi meccanici Gallardo, che non andrà in produzione.

L'ineffabile Reventón del 2007 viene invece costruita, se pure in una piccola serie di sole 20 unità, tutte vendute a gennaio 2008 per 1 milione di euro l'una. Il nome, secondo tradizione, è quello di un toro da corrida degli allevamenti Rodriguez che, nel 1943, uccise il torero Feliz Guzman. Realizzata sulla meccanica della Murciélago LP640, la Reventón è una "scultura automobilistica" ispirata al caccia a reazione Lockheed-Boeing F22 Raptor.

Nella pagina a fronte: la Reventón. Sopra, gli interni. Sotto, una vista frontale.

L'inedito stile a freccia (fusoliera?) è frutto di una strettissima collaborazione tra il reparto Ricerca e sviluppo, diretto da Maurizio Reggiani, e il Centro stile dove, dopo la partenza di de' Silva, promosso alla testa del Centro stile del Gruppo VW, il responsabile è Manfred Fitzgerald, gran capo del settore di Brand & Design. Dal giugno 2004, il "chief designer" è il piacentino Filippo Perini, un appassionato in-

SEAT
SEAT

gegnere con il culto delle auto sportive e del lavoro di gruppo. Il propulsore della Reventón eroga ben 650 CV per una punta velocistica di 340 km/h e 3"4 da 0 a 100 km/h: tali prestazioni si controllano da un abitacolo che, anche se non ha una cupoletta in perspex, è un vero e proprio cockpit aerospaziale di nuova generazione, in un profluvio di alluminio e carbonio, led e display piatti a cristalli liquidi TFT. Altra protagonista della scena odierna, la Estoque di fine 2008 è uno studio di design per una berlina supersportiva a quattro porte e quattro posti.

Novità assoluta per il Toro, la sua costruzione seriale viene posticipata al 2011 o 2012. Ancora una supercar creata in tandem tra Ricerca e sviluppo e Centro stile, con tanto di frontale aeronautico tipo Reventón e un bel po' di DNA Stealth. Il prototipo monta (per ora) il V10 da 5200 cm^3 della Gallardo LP560-4, ma collocato anteriormente

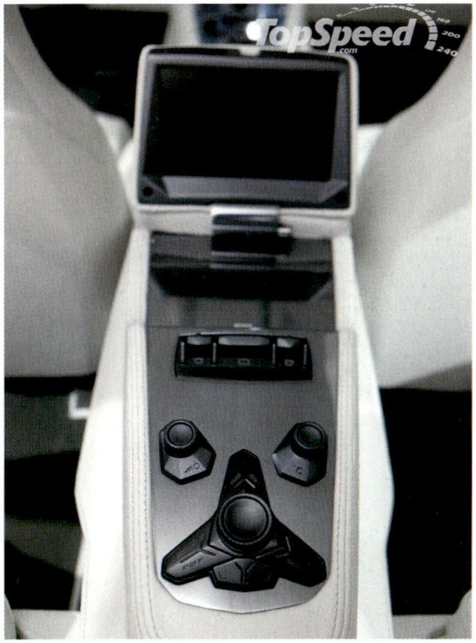

■ Particolare della strumentazione della Estoque.

■ Nella pagina a fronte e sopra: la Estoque, prototipo della futura berlina sportiva.

Particolare degli interni della Gallardo LP550-2 Valentino Balboni.

Nella pagina a fronte: la nuovissima Gallardo LP550-2 Valentino Balboni.

(un elemento di forte innovazione per la Casa) ed esibisce cerchioni da 22" (davanti) e 23" (dietro).

Mentre licenziamo queste pagine, a fine luglio 2009, nel listino ufficiale Lambo ci sono tre Murciélago (la LP640 Coupé, la LP640 Roadster e la LP670-4 SuperVeloce) e due Gallardo (la LP560-4 Coupé e la LP560-4 Spyder).

Qualcuna di queste supercar realizzate dagli oltre 1000 addetti parte ogni giorno dai 102.000 metri quadrati di stabilimenti e uffici della Lamborghini Automobili al n. 12 di via Modena a Sant'Agata Bolognese, diretta in uno dei 45 Paesi (gli Stati Uniti fanno la parte del leone) dove viene distribuita da oltre 114 punti vendita ufficiali, di cui una decina in Italia.

Per finire, ci giunge dalla Casa la notizia della presentazione di una nuova Gallardo. La new entry in listino è la LP550-2 Valentino Balboni, versione "tirata" in soli 250 esemplari. È l'omaggio straordinario (la Gallardo è il best-seller del Toro) a un uomo straordinario, il collaudatore che per più di 40 anni, raccogliendo l'eredità del mitico Bob Wallace, ha testato con intelligenza e coraggio tutti i prototipi e le auto di serie della Marca. E pensare che, da ragazzo, Valentino era arrivato fin qui del tutto casualmente, durante una gita col parroco del suo paese...

Come spiega la sigla, il motore della novità è il V10 da 550 CV, con trazione classica sulle ruote posteriori, l'ideale per chi ama una guida sportiva a suon di sovrasterzi di potenza e curve tutte... di traverso. Forse, lo stile preferito di Ferruccio Lamborghini, l'uomo che inventò dal nulla la bella saga delle uniche, leggendarie GT anti-Ferrari.

PROTAGONISTI ■ CENTRO STILE O NUOVO BAUHAUS?

Intervista a Filippo Perini

Filippo Perini nasce a Bobbio (Piacenza) nel 1965. Per la tesi di laurea in ingegneria meccanica, frequenta il Centro stile Alfa Romeo dove conosce il direttore Walter de' Silva e dove lavorerà dal 1998 al 2003. Nel giugno 2004 diventa l'"anima" (ufficialmente Chief Designer) del Centro stile Lamborghini, prima con Luc Donckerwolke, poi sotto la guida del direttore di Brand & Design, Manfred Fitzgerald.

Ingegnere, per cominciare, ci vuole spiegare come riuscite a disegnare delle supercar così nettamente distinguibili dalle altre del segmento?

Usando un linguaggio nuovo. Quando arrivai in Lamborghini, il mio capo era Luc Donckerwolke: è stato lui a segnare il cambiamento, introducendo un linguaggio formale più pulito, più solido, più Bauhaus, mutuato da quello del Gruppo. Un esempio? I codolini passaruota della Murciélago sono da 35 davanti e da 45 dietro, cioè molto più grandi di quelli a cui era abituata la carrozzeria italiana: il tutto per dare una percezione subliminale di solidità generale.

Per questo quella Murciélago prima maniera è stata definita fin troppo tedesca, fin troppo Bauhaus?

Esattamente. Ma siamo andati avanti così e aggiungendoci ancora un po' di pazzia è nato il restyling diventato la LP640. Idem per la Gallardo, eccetera.

A proposito di Bauhaus, lo sa che il clima che si respira qui nel vostro Centro stile riproduce quasi quella del Bauhaus di un secolo fa, di un laboratorio artigianale ad altissimo livello, con il computer al posto della manualità? Non tanto nel sistematico work in progress per far viaggiare rigorosamente in parallelo design e funzione di ogni particolare, quanto per quell'aria da bottega rinascimentale approdata per magia nel terzo millennio...

Sì, è così. Basta osservare, per esempio, i miei cinque o sei collaboratori (tutti giovani ingegneri) intenti a inseguire, lavorando sistematicamente in gruppo, l'esatta definizione dello stile Lamborghini, in un percorso a volte bello, a volte di sogno, a volte da incubo, con una gran dose di passione (nel senso proprio di sofferenza) e comunque sempre sotto il cappello di Walter de' Silva che ci dice quando facciamo bene o quando facciamo male.

Questa vostra sperimentazione sembra un anacronismo, di questi tempi.

Mettere in discussione le regole canoniche non è mai facile,

soprattutto oggi che sono diventate mostruosamente omologanti, anche per quanto riguarda il design. Eppure è questa la strada per arrivare a ottenere un risultato fuori dallo spirito della norma. Il bello è che a volte è proprio il vincolo che ostacola il progetto, per l'incomprensione dell'omologatore, a diventare l'idea vincente, nel senso che invece di aggirarlo lo abbattiamo con qualcosa di innovativo.

Le vendite vi stanno premiando.

Sì. Ora che non siamo più un'azienda artigianale ma un'industria con i relativi onori e oneri, la forza del Marchio viene fuori ancora di più: dico sempre che noi siamo un'azienda pazza che vende auto supersportive senza aver quasi mai corso. È la scommessa insita nel Marchio, nel mix di meccanica, prestazioni e disegno che ha prodotto vere e proprie icone.

La sinergia operativa che avete inaugurato in Lambo tra Centro stile, Commerciale, Ufficio tecnico e Ricerca e sviluppo è stata l'altra arma vincente?

Credo di sì: sono venuti a trovarci anche gli amici della Ferrari...

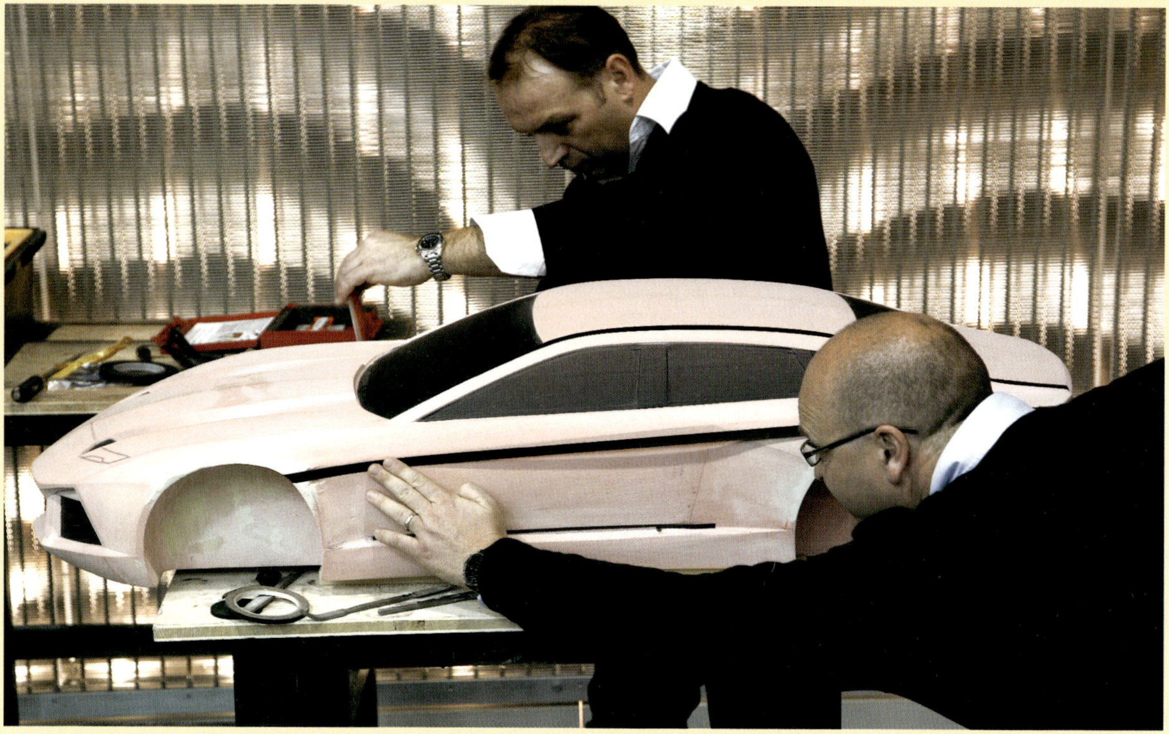

In quale Lambo precedente l'era Audi ci sono elementi che sono stati d'ispirazione ai modelli successivi?

Per esempio, Luc Donckerwolke ha disegnato la Murciélago prendendo spunto più dalla prima Countach che dalla più recente Diablo.

Invece, tra Reventón ed Estoque c'è stato un cambio evidente di linguaggio...

Sì, sono due vetture che si rivolgono a due "persone" totalmente diverse, per cui si passa dall'estremismo più evidente della prima allo stile da prodotto" per famiglia" della seconda.

La vostra "rilettura" della Miura presentata a gennaio 2006 è rimasta purtroppo a livello di concept: ma come avete fatto a pensare di poter ridisegnare una simile icona senza temere di commettere sacrilegio?

Con de' Silva abbiamo deciso che si poteva procedere unicamente eliminando delle cose, non aggiungendone, a partire dai piccoli difetti legati all'epoca. Così, ci siamo impegnati a togliere tutte quelle piccole imperfezioni che la tecnologia degli anni Sessanta non aveva permesso di eliminare o migliorare, dalle guarnizioni alle cromature eccetera.

È vero che il presidente Winkelmann interviene spesso e volentieri nelle scelte progettuali?

Sì. Ed entra anche nei dettagli di un particolare, e non solo dello stile: si veda, per esempio, il raccordo tra i fari che fa da spoiler anteriore nelle Gallardo...

Per uno come lei, che da tempo è arrivato al top, quale futuro?

C'è sempre spazio per realizzare qualcosa di più bello.

LAMBORGHINI PORTFOLIO

1963-2009

Non sono solo belle e performanti. Le automobili Lamborghini sono anche immediatamente distinguibili dalle altre GT per la loro personalità, spesso ammantata di una strana aura non ben definibile ma che pure è avvertibile da tutti. Eccole, una dopo l'altra, le supercar del Toro, miracoli di meccanica rivestita dai più grandi "sarti" del settore. Dalle prime realizzazioni dovute alla matita di Franco Scaglione ai capolavori di Marcello Gandini, fino ai recenti exploit del Centro stile della Marca, tutto parla di un fenomeno epocale nato meno di mezzo secolo fa nel triangolo d'oro Maranello-Modena-Sant'Agata Bolognese. Grazie a un mix di artigianato e tecnologia d'avanguardia diventato l'arma vincente in un segmento fin troppo sofisticato e imprevedibile, dove solo la classe pura sopravvive.

LAMBORGHINI

350 GTV

1963

SCHEDA TECNICA

Motore: anteriore longitudinale, 12 cilindri a V di 60°
Cilindrata: 3464 cm^3
Alesaggio e corsa: 77 x 62 mm
Alimentazione: 6 carburatori Weber 36 IDL1
Cambio: 5 marce + R.M.
Rapporto di compressione: 9,5:1
Potenza: 360 CV a 8000 giri/min.
Peso a vuoto: 980 kg
Prestazioni: 280 km/h

Come il classico fulmine a ciel sereno. È la Lamborghini 350 GTV che nell'autunno 1963 piomba nel sofisticato empireo delle GT ad alte prestazioni dove, dal 1957, conquista clienti l'affascinante silhouette in alluminio della Maserati 3500 Touring, mentre dai primi mesi del 1961, impazza la sagoma sexi (parola di Enzo Ferrari) della Jaguar E, in albionica compagnia dell'Aston Martin DB4 Zagato. Solo l'anno dopo, la magica Ferrari GTO riporterà in vetta al segmento il cavallino rampante che altrimenti avrebbe continuato a sonnecchiare sulle glorie della seriosa 250 GT. Il progettista della GTO è Giotto Bizzarrini e il caso (?) vorrà che sia il geniale toscanaccio a disegnare anche il motore d'esordio delle vetture di Sant'Agata Bolognese. Dirà Massimo Ceccarani, diventato nel 1988 direttore tecnico del Toro: «Il V12 di Bizzarrini è alla base dei nostri propulsori». È ben nota la storia dell'incontro-scontro brevissimo di Ferruccio e Giotto, con la richiesta urgente a quest'ultimo di un dodici cilindri che battesse in prestazioni l'omologo di Maranello, ma assicurasse

anche affidabilità assoluta e una guida in totale souplesse. Il compito è svolto in fretta e bene, anche se le radici corsaiole del progetto creano problemi in funzione dell'industrializzazione di un'auto da usare anche ogni giorno. Comunque sia, l'unità motrice di Giotto è un tre litri e mezzo, bialbero in testa e con lubrificazione a secco, forte di quasi 360 CV a 8000 giri per (ottimistici) 280 km/h, certamente il massimo che si potesse ottenere all'epoca da un propulsore non sovralimentato. Da quella massiccia scultura in lega leggera (con canne riportate) svetta, un po' provocatoriamente, la doppia, infinita fila (una per ogni bancata a 60°) dei cornetti d'aspirazione dei Weber 36 IDL1.

Il neo-assunto alla Direzione tecnica, Gian Paolo Dallara, progetta un telaio tubolare in acciaio poi realizzato da Neri-Bonacini, mentre Sargiotto costruisce la carrozzeria in alluminio. L'ha disegnata un genio visionario, Franco Scaglione, che non si fa scrupoli a lasciar correre la fantasia lungo stilemi spesso futuribili. Il risultato sarà magari troppo simile a una Batmobile e un po' tutti lo snobberanno quel 30 ottobre 1963, nel modesto stand (piazzato in un corridoio defilato) al Salone di Torino. Ma quel prototipo di coupé a due posti, artigianale e non finito (il V12 è assente perché non ci sta nel vano-motore, ma nessuno lo sa), è la prima Lambo, l'eponimo delle supercar ultra-prestazionali e dal fascino un po' esoterico che tra poco rovesceranno gli equilibri di questa fascia di mercato.

L A M B O R G H I N I

350 GT GT 2+2

1964-66

S C H E D A   T E C N I C A

Motore: anteriore longitudinale, 12 cilindri a V di 60°
Cilindrata: 3464 cm^3
Alesaggio e corsa: 77 x 62 mm
Alimentazione: 6 carburatori Weber 40 DCOE
Cambio: 5 marce + R.M.
Rapporto di compressione: 9,5:1
Potenza: 320 CV a 7000 giri/min.
Peso a vuoto: 1200 kg
Prestazioni: 250 km/h

Il compito di rendere "presentabili" sul mercato sia il troppo corsaiolo V12 sia la troppo futuribile livrea del prototipo 350 GTV tocca a Gian Paolo Dallara (oltre che all'altra recluta dell'Ufficio tecnico, Paolo Stanzani) e alla Touring Superleggera. È il 1964: nasce la 350 GT, una coupé a due posti che è la prima Lambo prodotta in (piccola) serie. I gruppi meccanici bizzarriniani sono stati addomesticati con camme dal profilo meno ripido, nuovi Weber orizzontali (e con tanto di borghesissimo filtro dell'aria) e tradizionale lubrificazione a carter umido. Ferma restando la cubatura di 3464 cm^3 e la distribuzione comandata a bialbero in testa, i CV sono scesi alla più gestibile quota 320 (a soli 7000 giri), per una punta velocistica che il biondo collaudatore "kiwi" Bob Wallace (un'altra new entry del Toro) calcola sui 250 km/h. Restano immutati, invece, il cambio ZF a 5 marce e il differenziale Salisbury, anche se non convincono troppo Ferruccio (per via dell'abbondante cavalleria rimasta in gioco), tanto che per la prossima 400 GT il solito Dallara

dovrà riprogettarli. Restano, a mo' di sberleffo anti-ferrarista, le sospensioni a ruote indipendenti anche al retrotreno. Sul telaio tubolare della 350 GTV allungato nel passo (da 2450 a 2550 mm), la carrozzeria milanese ha badato soprattutto a limitare i furori modernisti di Scaglione. E allora, avanti con un nuovo frontale senza i fari a scomparsa, via tutti i barocchismi a base di cromature dalle fiancate e i troppi spigoli vivi della coda. Gli interni, infine, offrono un

primo assaggio di quanto Ferruccio proporrà alla sua clientela in termini di comodità e raffinatezza dei nuovi prodotti: in compagnia di sequenze di levette e interruttori in bachelite a comandare strumenti e funzioni di bordo, ecco legno e pelle a profusione, senza arrivare al perfezionismo dei marchi d'élite di Oltremanica (a base, per esempio, di pelle pieno fiore Connolly), ma con in più un tocco di evidente manualità all'italiana, un plus di vendita che all'estero non avranno mai. Supercar "all'onor del mondo" (come la ricorda con affetto Dallara), la 350 GT è una creatura che si lascia guidare "morbida e rotonda" e senza ombra di vibrazioni, tutta l'opposto della coeva Ferrari 275, ottimo attrezzo d'allenamento per aspiranti culturisti. Dopo una prima presentazione a Ginevra (d'ora in poi la vetrina internazionale d'elezione di tutte le Lambo) con adeguato corredo mediatico a registrare (accanto a un autotelaio nudo) la novità verniciata in un bel verdone che più anti-ferrarista non si poteva e una seconda a Torino più che altro "pro domo sua",

AUTOTELAIO
Anteriore e longitudinale, il V12 della 350 GT evidenzia la doppia sequenza dei carburatori orizzontali Weber 40 DCOE al posto dei 36 IDL 1 verticali della 350 GTV.

L A M B O R G H I N I

350 GT - GT 2+2

la vettura va in linea di montaggio nella fabbrica di Sant'Agata Bolognese finalmente ultimata. Le vendite premieranno la volontà di Ferruccio, dei due giovanotti dell'Ufficio tecnico e della ventina di maestranze con un totale di 120 unità. Per arrivarci, ci vorrà però del tempo, oltre un anno e mezzo, perché non mancheranno per la prima supercar col Toro sul cofano anteriore difficoltà e incomprensioni, oltre a una lunga lista (come sottolinea, sorridendo, Dallara nei suoi ricordi) di cose da mettere a punto. A fare il grosso del lavoro di commercializzazione sarà Corrado Carpeggiani, il citato grande amico di Ferruccio e venditore nato, mentre a dare una mano penseranno il marchese Gerino Gerini, l'appassionato ex pilota ora concessionario della Marca a Milano, e il grandissimo ex pilota Juan Manuel Fangio nel ruolo di volonteroso testimonial. Piano piano, antichi clienti Ferrari e Maserati vengono convinti a fidarsi del nuovo Marchio, ritrovandosi coinvolti addirittura in una sorta di cogestione dello start-up aziendale, soprattutto sul fronte della messa a punto del modello: un'astuzia degna dell'uomo di Maranello. Nel 1965, in alternativa alla precedente, la cilindrata è portata a 3929 cm^3 grazie all'aumento dell'alesaggio (da 77 a 82 mm, mentre la corsa resta a quota 62): la maggiore cubatura garantisce più coppia, per una maggiore elasticità di guida. Un anno dopo, sempre a Ginevra, arriva la versione 2+2 che, con i suoi quattro litri e alcune modifiche di stile, preannuncia la 400 GT presentata nello stesso anno. In molti, tra gli addetti ai lavori, ritengono la 350 GT la Lamborghini più elegante di sempre. Comunque, con questa vettura Ferruccio è ormai entrato a pieno titolo nel novero ristretto dei costruttori di granturismo ad alte prestazioni, anche se la vera e propria consacrazione mondiale ci sarà solo con la P400 Miura. Soprattutto, con la 350 GT gli addetti ai lavori hanno la prova che il Nostro sognatore non scherzava quando (come racconterà lui stesso nel 1983 alla rivista francese "Automobiles Classiques"), due anni prima, lanciava al Drake il suo «Verrà un giorno...».

SILHOUETTE
La linea della 350 GT fu giudicata in modo controverso dagli addetti ai lavori: per alcuni è la Lamborghini più elegante, per altri presenta stilemi non del tutto risolti.

IN PRODUZIONE
La linea di montaggio della 350 GT: uno dei 120 esemplari fu usato per le riprese del film *Fai in fretta a uccidermi... ho freddo* di Francesco Maselli (1967).

LAMBORGHINI

3500 GTZ
350 GTS

1965

SCHEDA TECNICA

Motore: anteriore longitudinale, 12 cilindri a V di 60°
Cilindrata: 3464 cm^3
Alesaggio e corsa: 77 x 62 mm
Alimentazione: 6 carburatori Weber 40 DCOE
Cambio: 5 marce + R.M.
Rapporto di compressione: 9,5:1
Potenza: 320 CV a 7000 giri/min.
Peso a vuoto: 1050 kg per la GTZ, 1200 kg per la GTS
Prestazioni: 260 km/h per la GTZ, 250 km/h per la GTS

Anche per la neonata Lamborghini Automobili, cominciano le consuete esercitazioni degli stilisti basate sull'autotelaio della 350 GT visto a Ginevra 1964. A dare il via è Zagato, con i due esemplari della 3500 GTZ del 1965: l'intenzione è quella di realizzare una berlinetta sportiva nello stile delle Giulia TZ1 e TZ2, originali espressioni del più corsaiolo dei carrozzieri. Il progetto ha richiesto il ripristino del vecchio interasse della 350 GTV (10 cm in meno di quello della 350 GT), a garanzia di una maggiore maneggevolezza: a questa intelligente premessa, però, non seguiranno esiti altrettanto buoni. Infatti, al London Motor Show che tiene a battesimo la novità dell'atelier da poco trasferito dalla milanese via Giorgini (in zona Certosa) a Terrazzano di Rho, le critiche non tardano ad arrivare. Curiosamente, il suo celebrato designer Ercole Spada stavolta ha sbagliato il colpo, così come era accaduto per l'alternanza irrisolta di linee rette e curve della 350 GT: la nuova vettura, che deriva proprio da quella, mostra un preoccupante squilibrio tra frontale, padiglio-

ne ed estremità posteriore. Uno specchio di coda malriuscito, decisamente ordinario rispetto ai frizzanti stilemi delle TZ, fa brutta mostra di sé in un insieme troppo impegnato a inseguire tracce altrui: per esempio, gli echi della coeva, muscolare Ferrari 275. A fine 1965, all'esposizione canonica torinese di fine autunno, le riserve degli addetti ai lavori si ripetono e a questo punto è ovvio che la produzione della 3500 GTZ si fermi ai due citati esemplari, il primo dei quali finisce alla concessionaria milanese del solito marchese Gerini. Sempre nel 1965, la Touring Superleggera approfitta dei legami produttivi in corso con Sant'Agata Bolognese (e della grande esperienza nel segmento) per proporre, ancora in due prototipi, una versione scoperta della 350 GT. La 350 GTS è una raffinata realizzazione presentata a Parigi con doppia livrea (una nera e una giallo oro), lodata da tutti per la bella, classica e rassicurante armonia delle linee. Pensate che, accanto al classico sistema a tettuccio di tela (riponibile, a scomparsa, davanti al bagagliaio), c'è anche la possibilità di montare un hardtop: con il tettuccio rigido (in una sorta di anticipazione dello stile Targa), la GTS si trasforma in una filante berlinetta adatta a ogni tempo o stagione. La Touring spinge per mettere in produzione la novità, ma Ferruccio non stravede per le "scoperte" e per vederne una in listino occorrerà aspettare ben undici anni, fino alla Silhouette del 1976, quando il Nostro, da qualche anno, produce solo vino.

L A M B O R G H I N I

400 GT

1966-68

S C H E D A   T E C N I C A

Motore: anteriore longitudinale, 12 cilindri a V di 60°
Cilindrata: 3929 cm^3
Alesaggio e corsa: 82 x 62 mm
Alimentazione: 6 carburatori Weber 40 DCOE
Cambio: 5 marce + R.M.
Rapporto di compressione: 9,5:1
Potenza: 320 CV a 6500 giri/min.
Peso a vuoto: 1290 kg
Prestazioni: 250 km/h

Preannunciata dalla 350 GT 2+2, e sempre "vestita" dalla Touring, nel 1966 arriva in listino la 400 GT. Adotta, anteriormente, il V12 da quattro litri della precedente coupé (che all'inizio si continuerà a vendere in parallelo alla novità), che con i suoi 320 CV (ora a 6500 giri) garantisce una velocità massima effettiva di circa 250 km/h, abbinata a un'esemplare elasticità e alla mancanza assoluta di vibrazioni. Assieme alla silenziosità, sono tutti requisiti che rispondono alle note aspettative di Ferruccio in merito al suo prodotto. Sempre su input del gran capo, sono stati sostituiti il cambio ZF e il differenziale Salisbury con nuove unità progettate ex novo da Dallara e realizzate in casa: perché per essi non sarebbe bello rivolgersi, come fa Ferrari, alla bolognese Cima o alla Martucci di Porretta Terme! Colpisce gli addetti ai lavori soprattutto il fatto che venga abbandonato un cambio come lo ZF fornito dal migliore produttore europeo del settore, ma la cosa è spiegabile con lo scrupolo del costruttore di offrire organi in grado di affrontare le

potenze in gioco con un buon margine di sicurezza. A fronte di pochi ritocchi esterni, sul solito telaio tubolare l'atelier di Felice Bianchi Anderloni si è dedicato a migliorare l'abitacolo, realizzando un abbastanza comodo (e sempre più elegante) 2+2, mentre le otto differenti livree (tra cui una rosso Alfa) la dicono lunga sulla cura dedicata a ulteriori plus di vendita. Il mercato si fida sempre più (per il mix di prestazioni, affidabilità, comfort ed eleganza) delle macchine dell'ancor giovane Marchio e i risultati non tardano: le vendite saranno più che raddoppiate (273 unità invece di 120) rispetto alla 350, senza contare che tutte le vetture sono state cedute in contanti o con cambio-merce... a base di Ferrari o Maserati. La campagna pubblicitaria che accompagna il consueto lancio ginevrino (con tanto di test dell'eclettico Piero Taruffi) sarà amplificata dall'eco della prova su strada che la prestigiosa rivista "Quattroruote" dedica per la prima volta (nel luglio 1967) a una supercar di Sant'Agata Bolognese. Dopo alcuni accenni (consueti) ai non risolti problemi di stile, si lodano la bella strumentazione e il comodo posto di guida (almeno per i piloti alti), ma soprattutto la brillantezza e potenza del motore non disgiunta dal suo esemplare equilibrio (con sei Weber doppiocorpo da 40 scorbutici da livellare senza vacuometro!) mentre lavora sia ai bassi sia agli altissimi regimi. Anche con la 400 GT, la Casa del Toro è ancora ben lontana dal break-even point, ma ora Ferruccio può cominciare a tranquillizzarsi: anzi è pronto ad affrontare il primo salto di qualità che il futuro gli sta preparando, con la complicità di Dallara (e Stanzani): la P400 Miura.

LAMBORGHINI

MONZA 400 FLYING STAR II

1966

SCHEDA TECNICA

Motore: anteriore longitudinale, 12 cilindri a V di 60°
Cilindrata: 3929 cm^3
Alesaggio e corsa: 82 x 62 mm
Alimentazione: 6 carburatori Weber 40 DCOE
Cambio: 5 marce + R.M.
Rapporto di compressione: 9,5:1
Potenza: 320 CV a 6500 giri/min.
Peso a vuoto: 1290 kg
Prestazioni: 250 km/h

A inizio estate 1966, ecco un'altra "special" Lamborghini, stavolta in esemplare unico. È la 400 Monza, una sportiva realizzata (su ordinazione) dai citati telaisti Neri-Bonacini sull'autotelaio della 400 GT. I due modenesi, forti dell'esperienza generale accumulata collaborando con marchi illustri (Ferrari compresa), ritentano la strada della costruzione in proprio di un modello appena percorsa con la Nembo. Se i gruppi meccanici danno ovvie garanzie, la carrozzeria si attira un po' di critiche: non tanto perché, con una buona dose di ingenuità (un vezzo tipico dell'epoca), vi si è ecceduto in cromature, ma perché la si era già in gran parte "vista" su precedenti realizzazioni del duo (e altrui), piccoli squilibri stilistici tra muso e coda compresi. La Monza resta comunque un discreto esemplare di vettura corsaiola, alleggerita dall'utilizzo dell'alluminio nella carrozzeria e dagli interni spartani. Dopo lunghe peregrinazioni, è finita in Spagna.
Maggior fortuna, almeno di critica, ha avuto la Flying Star II, anch'essa costruita in esemplare unico. La realizza la mi-

lanese Touring, i cui magici battilastra sono ancora inconsapevoli, in quell'autunno 1966, di aver appena terminato l'ultima vettura dell'atelier di via Ludovico di Breme 65 che di lì a poche settimane chiuderà per sempre i battenti. Come fece Zagato l'anno prima con la 3500 GTZ, hanno lavorato su un telaio accorciato di 10 cm rispetto a quello della 350 GT. Sui gruppi meccanici della 400 GT, è stata impostata una grintosissima "famigliare"... a due posti, ricca di stilemi che avranno grande fortuna in futuro: uno per tutti, i fari anteriori protetti da plexiglas. Stupiscono gli addetti ai lavori l'inconsueta presenza di spigoli non arrotondati, l'alta linea di cintura e la sovrabbondanza di spazio nel cofano posteriore, un plus tipico di una "station wagon" di decenni più tardi. Non mancano moderne, raffinate componenti come i cerchi in elektron (lega di magnesio), della vicentina Campagnolo, che, alla presentazione ufficiale durante l'esposizione di fine anno a Torino, sostituiranno quelli originari a 72 raggi realizzati a Rho (Milano) da Carlo Borrani su licenza Rudge-Whitworth. Detto dei tristi motivi che ne impediranno la messa in produzione, per terminare la storia della seconda "stella cadente" della Touring (la prima è stata una vettura del Biscione del 1931) va aggiunto che, "volata" inizialmente in mano al fratello di Françoise Sagan (la famosa scrittrice francese di *Bonjour tristesse*), da tempo la vettura è "atterrata" in Inghilterra.

LAMBORGHINI

MIURA P400

1966-68

SCHEDA TECNICA

Motore: posteriore-centrale trasversale, 12 cilindri a V di 60°
Cilindrata: 3929 cm^3
Alesaggio e corsa: 82 x 62 mm
Alimentazione: 4 carburatori Weber 40 IDA 3C
Cambio: 5 marce + R.M.
Rapporto di compressione: 9,5:1
Potenza: 350 CV a 7000 giri/min.
Peso a vuoto: 980 kg
Prestazioni: 280 km/h

È Gian Paolo Dallara che ha l'idea della Miura. Dallara che comincia le scuole elementari a 5 anni. Dallara che ha appena 23 anni e 1 mese quando si laurea in ingegneria. Dallara che solo qualche settimana dopo viene assunto in Ferrari dove viene esposto al contagio del virus delle corse per via dell'incontro con l'ingegner Carlo Chiti. Dallara che poi va in Maserati per seguire le ultime corse del Tridente. Dallara che, da quando lavora sotto la Ghirlandina, in ogni minuto libero frequenta l'officina Neri-Bonacini, presso il vecchio aerautodromo, il tempio laico delle corse e dei corridori dove spesso officia Giotto Bizzarrini. Dallara che, proprio da Giotto, viene "consigliato" a Ferruccio per il tramite del fedele Corrado Carpeggiani. Dallara che, in piena estate del 1965, consola il Nostro in piena crisi del... terzo anno («Ce la farò o non ce la farò in questa folle sfida con Ferrari?») con i primi disegni della Miura.
Carpeggiani gliel'aveva già anticipato che Dallara stava preparando qualcosa di nuovo. «Purché non perda tempo

col lavoro», era stato il commento. No, il giovanotto (ora ha 29 anni) non sta perdendo tempo, anzi.
Mentre perfeziona gruppi meccanici e telaio della 350 GT per i modelli che ne deriveranno, tira le "prime righe" di una strana macchina che ha il motore messo posteriormente, in posizione trasversale pochi centimetri dietro il guidatore. Il progettista era rimasto colpito dal lavoro di Alexander Arnold Constantine (ma per tutti Alec) Issigonis sulla Mini Cooper. Dallara sa bene che gli utenti della piccola bomba inglese maledicono ogni giorno il progettista turco-britannico perché ha reso pressoché impossibile a un comune mortale il cambio delle candele, collocate in posizione del tutto irraggiungibile, ma tant'è: intanto, quella macchinetta va forte e vince nei rally.
La stessa architettura dei gruppi meccanici Dallara l'ha poi ritrovata su quell'altra strana creatura, la Ford GT40, quasi imbattibile tra gli Sport Prototipi.
«Perché non ne facciamo una così anche noi?», chiede un giorno l'ingegnere a Ferruccio: perché egli sa che il gran capo, alla faccia di quel che si dice in giro (e che si scriverà in seguito), non è per niente contrario alle corse e che i suoi sistematici no all'impiego agonistico delle sue macchine sono dovuti unicamente a perduranti scrupoli di ordine pratico riguardo alla situazione aziendale.
Finché, nei fatidici giorni di agosto 1965, con un rotolo di disegni sotto il braccio e con Paolo Stanzani (l'altro puledro... da corsa dell'Ufficio tecnico) al fianco, Dallara va a trovare il quarantanovenne ferrarese per il via libera. Che arriva subito.
Detto, fatto. Tutto prende il via in una vorticosa sequenza per arrivare a esporre "qualcosa" al prossimo Salone di Torino, ai primi di novembre. Per il motore, ovviamente si parte dal V12 a 60° bialbero della 400 GT, ma se per il gruppo termico del quattro litri ci si limita a ottimizzare l'ammissione con i nuovi, grintosissimi quattro Weber triplocorpo 40 IDA 3C verticali (così che la potenza sale da 320 a 350

SBERLEFFO
Nello specchio di coda, la parola Miura spicca con tanto di corna e coda di toro: un tocco di ingenua allegria voluto da Ferruccio. Per la cronaca, il toro fotografato sul libretto di uso e manutenzione, di proprietà del santagatese Luigi Ferranti, pesava 13 quintali e 80 kg.

PADRE E FIGLIA
Nella pagina a fronte: Ferruccio e la sua "creatura" prediletta. Il figlio Tonino ricorda che per i primi collaudi su strada fu coinvolto anche lui, con alcuni amici... neopatentati.

MIURA P400

CV), per il basamento c'è la grande novità del cambio a 5 marce e frizione in blocco (in compagnia del differenziale) per accentrare le masse. La "ciclistica" è invariata rispetto alla 400 GT, ruote indipendenti davanti e dietro, ammortizzatori telescopici con classici molloni elicoidali e corsaioli bracci triangolari più barra stabilizzatrice. Nell'impossibilità di avere i Dunlop autoventilanti, i freni a disco restano i normali Girling. Tutto ciò poggia solidale o è sospeso al nuovo telaio di Dallara, fatto in soli tre mesi: è a monoscocca in lamiera scatolata d'acciaio, con trave centrale e longheroni laterali. Questo è l'autotelaio che alla citata esposizione torinese stupisce (e turba) tutti, compreso Nuccio Bertone che accetta di carrozzarlo. Un paio di mesi scarsi dopo, il 2 gennaio 1966 (o il 3, la data non è chiara) arriva in Lambo il disegno di Marcello Gandini, l'ineffabile "opera d'arte" (parole di Dallara) che tutti conoscono.
Così nasce l'auto detta P400 Miura, dal nome del feroce toro "dai 100 occhi", come dicono dalle parti del Guadalquivir.
Dopo le trionfali esposizioni a Ginevra (marzo 1966) e a Parigi (giugno 1966), la Miura si venderà alla grande (all'inizio a 7.700.000 lire), con re e principi (e baronetti) che ora si inchinano per avere una Lambo, come ricorda un altro fedelissimo della prima ora, Ubaldo Sgarzi.
Dallo scià di Persia al sultano del Brunei, dal re di Giordania al principe del Qatar, fino ai Beatles, tutti sono pronti a sfidare, su quella due posti secchi, i 270 km/h effettivi (280 i dichiarati) garantiti da un motore strapotente e affidabile, che permette anche una guida davvero divertente.
La Miura resta in produzione da metà 1967 al 1973, quando già impazza in listino e in strada la Countach. Ne hanno costruite 766, 766 magie divise in pochissime versioni una più magica dell'altra, di fronte alle quali tutte le altre supercar sono invecchiate di colpo.
Dopo che l'ultima Miura è scesa da una delle due catene di montaggio dedicate, anche Ferruccio, come è noto, se ne va. Si sarà trattato di una semplice coincidenza?

608732 BO

LAMBORGHINI

MARZAL

1967

SCHEDA TECNICA

Motore: posteriore trasversale, 6 cilindri in linea longitudinali
Cilindrata: 1965 cm^3
Alesaggio e corsa: 82 x 62 mm
Alimentazione: 3 carburatori Weber 40 DCOE
Cambio: 5 marce + R.M.
Rapporto di compressione: 9,2:1
Potenza: 175 CV a 6800 giri/min.
Peso a vuoto: 1200 kg
Prestazioni: 225 km/h

Alla ricerca di una potente, veloce ma anche comoda Lambo a quattro posti con cui stupire di nuovo gli addetti ai lavori (compreso uno che il suo lavoro lo svolge a Maranello), nel marzo 1967 vede la luce il prototipo da Salone della Marzal. Per problemi di costi, deve essere la monoscocca bell'e pronta della Miura (che da giugno scalpita sulle strade del pianeta) a fare da telaio, se pure con l'interasse portato da 2500 a 2620 mm e la carreggiata da 1412 a 1480 mm. È un volonteroso stiracchiamento in lungo e in largo, ma anche così alla Bertone (la carrozzeria incaricata di "vestire" la novità) ci si accorge che non è assicurata l'abitabilità richiesta, tanto che si decide di andare a recuperare spazio là dove ce n'è tanto già occupato, nel massiccio propulsore. Il V12 da quattro litri della Casa diventa così un 6 cilindri in linea longitudinali e potente quanto basta (175 CV) per una velocità massima dichiarata di 225 km/h: non male per un 1965 cm^3, anche se un po' poco per il cliente Lamborghini ormai assuefatto a tutt'altre quote. Ora l'unità

motrice può trovare posto, di traverso, addirittura dietro l'assale posteriore, con esiti felici per i due nuovi passeggeri che trovano posto nell'abitacolo, un po' meno per il pilota normale, a causa di poco controllabili sovrasterzi di potenza. Anche lo stile è discutibile: troppo futuribile, fa perno su una superficie di cristalli di ben quattro metri e mezzo; i passeggeri sono pressoché in "bella vista", una situazione un po' straniante, come del resto l'abitacolo "spaziale" dove regna il motivo grafico a esagono (la firma di Marcello Gandini). Dove però il geniale designer ha lasciato davvero il segno è nelle portiere che si aprono verso l'alto, col movimento ad "ali di gabbiano" che ha reso celebre la Mercedes con la sua 300 SL Gullwing della metà degli anni Cinquanta e che ritroveremo, modificato, sulla Countach del 1971 e, come è noto, su tutte le future vetture di fascia alta del Toro. Nonostante alcuni momenti di pubblica gloria (compreso il giro d'apertura al GP di Montecarlo di quell'anno, evento che inaugura una tradizione che si ripeterà a lungo, e il buon giudizio di "Quattroruote" sul "generoso e potente" motore), l'inedita vettura non piace, se non alla critica americana che ne ammira la "freschezza innovativa". Ferruccio non ama, come si sa, modelli troppo d'effetto, così che la Marzal non avrà seguito produttivo e, per vedere la quattro posti che sogna il Nostro, si dovrà aspettare l'anno dopo, quando arriverà il bolide per famiglie chiamato Espada.

LAMBORGHINI

MIURA ROADSTER S

1968-71

SCHEDA TECNICA

Motore: posteriore-centrale trasversale, 12 cilindri a V di 60°
Cilindrata: 3929 cm³
Alesaggio e corsa: 82 x 62 mm
Alimentazione: 4 carburatori Weber 40 IDA 3C (Weber 40 IDL 3L per la S)
Cambio: 5 marce + R.M.
Rapporto di compressione: 9,5: 1 (10,4:1 per la S)
Potenza: 350 CV a 7000 giri/min. (380 CV a 7700 giri/min. per la S)
Peso a vuoto: 980 kg (1040 per la S)
Prestazioni: 280 km/h (285 km/h per la S)

Mentre da poco più di sei mesi la Miura è in produzione, nelle prime settimane del 1968 Bertone presenta un prototipo per la sua versione "scoperta", la Roadster. La si potrebbe definire in stile Targa (dal nome della Porsche 911 di due anni prima con tettuccio rigido asportabile), anche se è priva dell'hardtop, oltre che dei cristalli laterali e di qualsiasi copertura del motore. Perché è una concept car da esporre (al chiuso!) in giro per mostre e saloni, dove la sua stupefacente bellezza (il disegno è sempre di Gandini) riceverà un'accoglienza entusiastica. A parte il noto, strapotente V12 da 350 CV del coupé originario, ciò che conquista addetti ai lavori e appassionati sono i nuovi, affascinanti stilemi applicati al progetto per raccordare armonicamente muso e coda in una vettura privata del tetto. Il grande Marcello lo ha fatto ridisegnando la parte posteriore, specchio di coda compreso, non prima di aver "risistemato" i montanti dietro, riunificandoli in un ponte-rollbar di rara eleganza. Il tutto è stato sublimato da un'ineffabile verniciatu-

ra azzurro chiaro... micalizzato "ante litteram", su cui peraltro ci siamo soffermati nelle pagine precedenti. Le stesse dove avrete potuto trovare il racconto della sciagurata "avventura ZN 75" toccata alla Roadster dopo il no, tuttora inspiegabile, di Ferruccio alla sua produzione in serie. Resta da dire che, come noto, un sapiente restauro del "mago" californiano Gary Bobileff ha di recente restituito al mondo quella che più che un'auto è un'autentica scultura semovente. E non si meravigli nessuno se abbiamo appena usato la dicitura dedicata alla Cisitalia 202 Pininfarina esposta permanentemente al MOMA di New York!

La versione S, del novembre 1968, della Miura è la prima realizzata dalla Casa. La potenza sale da 350 a 380 CV (a 700 giri in più dei precedenti 7000) grazie ai nuovi carburatori Weber 40 IDL 3L (con corrispondente maggiorazione dei condotti di aspirazione) e all'aumento del rapporto di compressione che passa da 9,5 a 10,4:1. Il risultato è una punta velocistica dichiarata di 285 km/h, raggiungibili in totale sicurezza grazie anche agli inediti pneumatici Cinturato Pirelli ribassati. Le altre modifiche importanti riguardano gli interni, ammodernati (scompaiono le levette da plancia e padiglione) e resi più eleganti e confortevoli (con gli alzacristalli elettrici e la radio). Nonostante tutte le migliorie, a fronte dei 475 esemplari della prima versione, della S si venderanno (fino al 1971) solo 140 unità, dotate (finalmente) dal 1970 di dischi-freno autoventilanti.

LAMBORGHINI

ISLERO GT GTS

1968-69

SCHEDA TECNICA

Motore: anteriore longitudinale, 12 cilindri a V di 60°
Cilindrata: 3929 cm^3
Alesaggio e corsa: 82 x 62 mm
Alimentazione: 4 carburatori Weber 40 DCOE
Cambio: 5 marce + R.M.
Rapporto di compressione: 9,5:1 (10,8:1 per la GTS)
Potenza: 320 CV a 6500 giri/min.
(350 CV a 7700 giri/min. per la GTS)
Peso a vuoto: 1240 kg (1460 kg per la GTS)
Prestazioni: 250 km/h (260 km/h per la GTS)

In prossimità del maggio 1968, quello dell'"immaginazione al potere", arriva in listino la Lamborghini meno immaginifica di tutte, la berlinetta 2+2 Islero che deve sostituire la 400 GT che esce di produzione. Poiché la Touring, che ha realizzato quest'ultima, ha chiuso i battenti, Ferruccio decide di affidare il nuovo modello (che prende il nome dal toro uccisore del famoso toreador Manolete) alla semi-sconosciuta carrozzeria varesina di Mario Marazzi. È una piccola struttura che però ha già avuto una parte importante nelle vicende dell'ASA 1000, la Ferrarina, e dell'Alfa Romeo 33 Stradale disegnata da Scaglione e che ha accolto gran parte dei mitici battilastra dell'ex atelier milanese. Nasce così una tre volumi moderna ed elegante in quella sua alternanza armoniosa di superfici e spigoli: sono stilemi tanto discreti che qualcuno li accuserà di avere poca personalità, al limite dell'anonimato. Invece, questa ricerca di understatement e di pulizia stilistica (ha perfino i fari anteriori a scomparsa per evitare soluzioni di continuità nelle nitide linee)

piace a Ferruccio che a lungo userà la Islero come vettura personale. Forse ne apprezza anche l'abitacolo impeccabilmente rifinito (e comodo, luminoso, silenzioso e... condizionato di serie con un Frigette della Diavia posto proprio davanti al passeggero), con una visibilità insospettabile in ogni direzione e quell'inedito volante a due razze (dal diametro di 38 cm e, curiosamente, un po' disassato sulla destra) che domina un panorama di legno e pelle.

Forse il Nostro ne apprezza pure i cerchi Campagnolo in lega di magnesio che sono gli stessi di primo equipaggiamento della Miura, pur sentendo un pizzico di nostalgia per quelli Borrani a raggi dei primissimi esemplari. E poi c'è sempre un motore, il V12 della 400 GT con il cambio e il differenziale progettati ex novo da Dallara, che con i suoi 320 CV assicura una punta velocistica di oltre 250 km/h. La tenuta di strada è impeccabile e la frenata più che buona grazie ai quattro dischi Girling (pur non ancora autoventilanti), il che favorisce il piacere (grande) della guida. Nel 1969, arriva la versione GTS, un po' più potente (350 CV per 260 km/h) e migliorata in molti dettagli, dal corpo vettura alla sospensione posteriore (presa dalla coeva Espada). Se ne venderanno 225 unità, quasi il doppio delle 125 del modello base, ma è sempre una cifra troppo bassa per quella che per chi scrive è una delle Lambo più belle, suggestive e carismatiche di sempre.

LAMBORGHINI

ESPADA 400 GT - 400 GTE III SERIE

1968-78

SCHEDA TECNICA

Motore: anteriore longitudinale, 12 cilindri a V di 60°
Cilindrata: 3929 cm^3
Alesaggio e corsa: 82 x 62 mm
Alimentazione: 6 carburatori Weber 40 DCOE 20
Cambio: 5 marce + R.M.
Rapporto di compressione: 9,5:1 (10,7:1 per la GTE)
Potenza: 325 CV a 6500 giri/min.
(350 CV a 7500 giri/min. per la GTE)
Peso a vuoto: 1480 kg (1635 kg per la GTE)
Prestazioni: 245 km/h (250 km/h per la GTE)

Nella stessa esposizione ginevrina di primavera 1968 dove è presentata la Islero, Ferruccio rilancia a Ferrari la sfida nel segmento delle GT a quattro posti, dopo il tentativo spurio della Marzal dell'anno prima. La realizzazione di un'auto velocissima e nello stesso tempo ultra-confortevole (non l'ennesima 2+2) è stata affidata a Bertone, e Marcello Gandini disegna l'Espada, un'elegante vettura appuntita e affilata come l'arma da toreador da cui prende il nome. Come evoluzione della specie, per quanto riguarda il motore, il duo Dallara-Stanzani si è rifatto al V12 bialbero della 400 GT, i cui gruppi meccanici sono stati posti anteriormente sullo stesso telaio della coupé (allungato nell'interasse da 2550 a 2650 mm). I nuovi sei Weber orizzontali DCOE 20 hanno dato una mano a incrementare la potenza fino a quota 325 CV, per una punta velocistica effettiva di oltre 245 km/h, accompagnata da grande accelerazione e ripresa, inconsueta elasticità e totale assenza di vibrazioni. Per la carrozzeria si è ripartiti dal disegno della Marzal, ripulito da Gandini di tut-

to ciò che era parso troppo futuribile sull'"auto di cristallo", a favore di stilemi di estrema (fin troppo) sobrietà (ma con interni all'insegna di pelle e legno), pur non esimendosi dal riproporre (tentativo subito stroncato da Ferruccio) le portiere ad "ali di gabbiano". Il risultato finale piacerà molto a Ferruccio stesso, agli addetti ai lavori e al mercato e sarà premiato dalle vendite: saranno ben 1217 gli esemplari prodotti e commercializzati in tre serie. La seconda (detta anche GTE) esordisce a Bruxelles nel gennaio 1970, forte di 350 CV (e 250 km/h) e presentata anche in versione VIP, con tanto di televisore di bordo della milanese Brionvega (l'unico con un design che poteva piacere a Gandini!) per i 2 passeggeri dietro. La terza serie va in listino (a 9.100.000 lire) nel 1972, con servosterzo di serie (per adeguarsi agli oltre, col pilota, 17 quintali di massa!) che accresce la maneggevolezza: nel restyling si perdono (purtroppo) i cerchi al magnesio con gallettone centrale ad alette a favore di altri, in alluminio, a cinque colonnette: è proprio ora di riporre il mitico martello di piombo! Nel 1974, arriva (optional) il cambio automatico (Crysler). La Espada ha fatto anche del cinema, partecipando tra l'altro a *Piedone lo sbirro* (di Steno) e a *Il sole nella pelle* (di Giorgio Stegani Casorati), film girato in parte a Sant'Agata Bolognese.

Alla fine del 1978, la carrozzeria Frua firma la Espada versione Faena, una massiccia quattro porte che sembra una "station wagon" ante litteram, molto meno riuscita della Flying Star II della Touring di dodici anni prima.

LAMBORGHINI

JARAMA GT GTS

1970-76

SCHEDA TECNICA

Motore: anteriore longitudinale, 12 cilindri a V di 60°
Cilindrata: 3929 cm^3
Alesaggio e corsa: 82 x 62 mm
Alimentazione: 6 carburatori Weber 40 DCOE
Cambio: 5 marce + R.M.
Rapporto di compressione: 10,7:1
Potenza: 350 CV a 7500 giri/min.
(365 CV a 7500 giri/min. per la GTS)
Peso a vuoto: 1450 kg (1460 kg per la GTS)
Prestazioni: 240 km/h (260 km/h per la GTS)

La bella ma sfortunata Islero esce di produzione nel 1969 e l'anno dopo, a sostituirla, arriva la Jarama GT, "rivestita" dalla Bertone sul telaio dell'Espada. Il nome deriva da quella parte della penisola iberica resa famosa dai tori da combattimento e da cavalli ugualmente da battaglia: sono quelli delle vetture di Formula 1 che da tre stagioni si sfidano sul locale circuito. La nuova berlinetta adotta (anteriormente e in senso longitudinale) il V12 bialbero da 350 CV montato sulla coeva seconda serie della Espada: secondo il test della solita "Quattroruote", il quattro litri spinge l'inedita coupé fino a quasi 240 km/h effettivi (contro i 260 km/h dichiarati) di velocità massima e le fa percorrere il chilometro da fermo in 27 secondi netti. Oltre che (piuttosto) veloce, è anche molto stabile in curva, ben frenata e divertente da guidare, perché è compatta e maneggevole (il telaio della "GT per famiglie" è stato accorciato nell'interasse di ben 27 cm), anche se non troppo rifinita nei pur confortevoli interni, un difetto attribuito all'epoca alla Ber-

tone con una certa sistematicità. Non mancano, comunque, pelle e legno in abbondanza, oltre al condizionatore dell'aria di serie per tenere a bada la temperatura di bordo che, come su tutte le Lambo, tende a valori... africani. Dallara se ne è andato (ormai da quasi due anni) in De Tomaso, dove spera di cominciare a guarire dal virus delle corse, ed è toccato a Stanzani dirigere le operazioni dell'Ufficio tecnico.

Seguendo le note direttive di Ferruccio sul miglioramento sistematico del prodotto, il suo lavoro ha portato a nuovi, più alti livelli l'efficienza di meccanica e "ciclistica", dalla possibilità di toccare (senza problemi) gli 8000 giri alla frizione di facile azionamento, fino allo sterzo ben manovrabile senza arrivare a preoccupanti alleggerimenti alle alte velocità. Per quanto riguarda l'"abito", gli stilemi gandiniani questa volta sono applicati a scartamento ridotto, col risultato di una pulizia di linee al limite dell'anonimato: è questo, soprattutto, che non piace molto alla clientela del Toro. Nel 1971, la seconda serie (GTS) tenta di aggiungere un plus di vendita aumentando la cavalleria a quota 365 CV. Non servirà a molto: la coupé si costruirà per un totale di soli 327 esemplari in sei anni, un po' poco per la cosiddetta "piccola Espada", anche se Bob Wallace la degnerà della sua stima (corsaiola) allestendone un esemplare (la GTS "Bob") alleggerito (ha la carrozzeria tutta in alluminio) e potenziato (fino a 380 CV) per ben 270 km/h.

LAMBORGHINI

URRACO P250 - P300 P200

1970-79

SCHEDA TECNICA

Motore: posteriore-centrale trasv., 8 cilindri a V di 90°
Cilindrata: 2462 cm^3 (2995 cm^3 la P300, 1973 cm^3 la P200)
Alesaggio e corsa: 86 x 53 mm (86 x 64,5 mm la P300, 77 x 53 mm la P200)
Alimentazione: 4 carburatori Weber 40 IDF1 (40 DCNF per la P300 e la P200)
Cambio: 5 marce + R.M.
Rapporto di compr.: 10,4:1 (10:1 la P300, 8,6:1 la P200)
Potenza: 220 CV a 7500 giri/min. (260 CV a 7000 giri/min. la P300, 182 CV a 7500 giri/min. la P200)
Peso a vuoto: 1100 kg (1280 kg la P300, 1250 kg la P200)
Prestazioni: 240 km/h (260 km/h la P300, 220 km/h la P200)

È il 1970: è tempo che nel listino Lambo entri una "piccola". Ferruccio ci conta molto, anche se la concorrenza è forte, a partire dalle Dino Ferrari e da quella sei cilindri di Stoccarda (la Porsche 911) che da ormai sei anni sta rendendo la vita dura perfino all'uomo di Maranello. Per non parlare delle sei cilindri in linea Aston Martin DB o Jaguar E (e meno male che da un anno è uscita dal listino della Casa di Coventry quella MK II che vinceva anche nelle corse!). A Sant'Agata Bolognese scocca l'ora della P250 Urraco (dal nome di un torello spagnolo da combattimento), una berlinetta 2+2 che adotta un V8 monoalbero (tutto in lega leggera) da due litri e mezzo realizzato ex novo da Paolo Stanzani, forte di 220 CV per 240 km/h (ottimisticamente) stimati. Sospensioni a ruote indipendenti davanti e dietro, quattro freni a disco Girling (finalmente) autoventilanti e inediti cerchi in lega Campagnolo fanno parte dell'irreprensibile "ciclistica" del modello. Tocca ancora a Gandini (per la Bertone) "rivestire" la novità del Toro e, per una volta, il risultato del maestro è

francamente poco riuscito a causa dell'utilizzo di stilemi troppo semplificati e troppo poco sportivi in funzione del Marchio: essi fanno riferimento fondamentalmente a due gusci sovrapposti, con un predominio di linee squadrate dentro e fuori. La produzione parte in grave ritardo (1973) a causa dei problemi da risolvere in un propulsore troppo "tirato" (la compressione è di 10,4:1). Peccato, perché i test della stampa di settore sottolineano l'elasticità (definita "straordinaria") del motore della piccola Lambo abbinata alle grandi doti della "ciclistica". Stabilità, tenuta di strada e maneggevolezza sono garantite dal nuovo telaio a monoscocca e dalla distribuzione ottimale dei pesi in funzione di un'unità motrice posteriore-centrale: essa è collocata davanti all'assale posteriore, ortogonalmente al senso di marcia, e, ovviamente, cambio, frizione e differenziale sono in blocco. Purtroppo, a livello commerciale, non ci sarà niente da fare, nonostante il prezzo non esagerato (6.500.000 lire): il ritardo iniziale non si recupererà più e si venderanno in tutto soltanto 776 esemplari. Nel 1974 arriva la seconda serie, finalmente bialbero: è la P300 da tre litri e 260 CV, con scocca rinforzata e disco-frizione maggiorato per far fronte alla maggiore potenza. La terza e ultima versione (la P200 monoalbero da due litri e 182 CV) è riservata al nostro mercato: con questa cubatura può sfuggire alle forche caudine delle norme fiscali per le cilindrate oltre i 2000 cm^3. Esiste anche una Urraco pronto-rally (alleggerita e potenziata): è la Rally o "Bob" realizzata nel 1973 dal mitico capocollaudatore di Sant'Agata Bolognese, Bob Wallace.

LAMBORGHINI

MIURA JOTA

1970

SCHEDA TECNICA

Motore: posteriore-centrale trasversale, 12 cilindri a V di 60°
Cilindrata: 3929 cm^3
Alesaggio e corsa: 82 x 62 mm
Alimentazione: 4 carburatori Weber 46 IDL
Cambio: 5 marce + R.M.
Rapporto di compressione: 11,5:1
Potenza: 440 CV a 8500 giri/min.
Peso a vuoto: 900 kg
Prestazioni: oltre 300 km/h

Nel 1970 vede la luce la Miura Jota, il vero capolavoro di Bob Wallace, il biondo capo-collaudatore del marchio del Toro. A lui, Ferruccio lascia da sempre fare libere esercitazioni corsaiole su modelli di produzione (per esempio, sulla Jarama e sulla Urraco), nascondendo a malapena il suo genuino amore per le competizioni dietro i no decisi (di ordine pratico) a portare in gara le Lambo: al riguardo, Gian Paolo Dallara è sempre stato esplicito. Così, come era inevitabile, anche la Miura viene sottoposta alle "cure" del biondo neozelandese, che lavora su un "muletto" (è l'ormai leggendario autotelaio n. 5084) da tempo utilizzato per i test della Ricerca e sviluppo. Come d'uso, all'epoca, nel campo delle elaborazioni, si parte dal banco per arrivare alla testata, così che si inizia con l'alleggerimento e l'equilibratura dell'albero a gomiti (nel nuovo carter a secco) per finire con l'adozione di inediti carburatori Weber da 46 a cornetto libero e nuove camme dal profilo ripidissimo. Di fronte all'albero motore, Bob non può non ricordare che appena cinque anni prima

ha maneggiato quello della primissima Lambo, la 350 GTV, che era stato realizzato in Lamborghini Trattori, partendo dal pieno, passando poi al tornio e temperando infine il tutto alla macchina tedesca HF, che offriva sì un indurimento esterno di mezzo millimetro, ma lasciava l'interno... elastico. Il telaio diventa a monoscocca "mista", molto leggera e "incatenata" dagli uniball, mentre i piccoli spoiler anteriori deportanti e gli ammortizzatori Koni ottimizzano una tenuta di strada già buona, in sinergia con le speciali gomme ribassate Dunlop Racing ospitate (su cerchi in lega Campagnolo) nei parafanghi allargati. Grazie alla potenza di ben 440 CV, al rapporto di compressione spinto fino a 11,5:1 e al peso sceso sotto i 900 kg, le prestazioni del V12 bialbero della Jota sono da autentico bolide da circuito, con oltre 300 km/h di punta velocistica e soli 3,5 secondi per andare da 0 a 100 km/h: basti dire che la coeva Ferrari Daytona ce ne metteva quasi 6. Avete già letto in precedenza, oltre che dell'origine del nome, dell'incredibile fine capitata a questo "cattivissimo" prototipo. La cronaca racconta anche di sedici repliche spurie (SVJ) realizzate tra il 1971 e il 1973 su ordine di una ricca clientela "da corsa" particolarmente affascinata dal mito del Toro: tra esse, ricordiamo quella (telaio n. 4934) acquistata nel 1995 dall'attore Nicolas Cage (presso la collezione dell'ex scià di Persia) per 390.000 dollari, per essere poi rivenduta in Inghilterra. Non aveva percorso nemmeno 5000 km.

LAMBORGHINI

MIURA SV

1971-73

SCHEDA TECNICA

Motore: posteriore-centrale trasversale, 12 cilindri a V di 60°
Cilindrata: 3929 cm^3
Alesaggio e corsa: 82 x 62 mm
Alimentazione: 6 carburatori Weber 40 IDL
Cambio: 5 marce + R.M.
Rapporto di compressione: 10,7:1
Potenza: 385 CV a 7850 giri/min.
Peso a vuoto: 1245 kg
Prestazioni: 300 km/h

È il marzo 1971 quando il mondo degli appassionati del Toro assiste alla presentazione (al quarantunesimo Salone di Ginevra) dell'ultima versione della Miura: è la SV, la più bella e selvaggia (e "Veloce") di tutte. Stavolta, a differenza della precedente serie S, sono tanti i ritocchi alla livrea e agli interni, dalla scomparsa (ahimè!) delle "ciglia" dei fari anteriori alla nuova disposizione delle luci posteriori e della targa, passando per una più moderna sistemazione dei comandi secondari nell'abitacolo (ancor più lussuosamente rifinito), compresi quelli della consolle montata sul soffitto, sopra lo specchietto retrovisore. La posizione di guida è sempre distesa, in ossequio a quanto accade da non troppi anni ai piloti delle vetture di Formula, mentre dalla classica griglia cromata a settori (di ferrarista memoria) la leva del cambio si offre curvata alla mano del fortunato al volante. Grazie al lavoro di affinamento e ottimizzazione di Paolo Stanzani alla ricerca di ancor maggiore potenza, il rapporto di compressione del V12 bialbero arriva a 10,7:1 e i CV sal-

gono a quota 385, permettendo di toccare la fatidica soglia dei 300 km/h di velocità massima. È "la più veloce auto di serie del mondo": e pensare che il peso della SV è passato dai 980 kg della prima P400 agli attuali 1245 kg, con un incremento di circa tre quintali!
Il cambio (Lamborghini) a cinque marce ottiene ben presto una lubrificazione separata da quella del motore, così che uno sportivissimo differenziale autobloccante ZF farà la sua comparsa dopo anni di utilizzo di un'unità realizzata dalla Casa. Grazie all'adozione delle nuove Pirelli ribassate (215/70 FR 15 davanti e 235/60 FR 15 dietro), la nuova supercar appare ancora meglio piantata a terra, merito anche della carreggiata posteriore allargata. A ciò si somma una "ciclistica" divenuta impeccabile grazie alle quattro sospensioni a ruote indipendenti, con triangoli sovrapposti e barra antirollio, ammortizzatori telescopici e molloni elicoidali. Così, stabilità in rettilineo e tenuta di strada in curva raggiungono livelli di efficienza mai visti, assecondando sia la spaventosa grinta sia il grande equilibrio generale del propulsore (minimo compreso), un risultato che ne esalta la già nota elasticità.
Il condizionatore dell'aria (a richiesta) arriva a dare una mano per sconfiggere il caldo sistematico dell'abitacolo, un'inezia più che sopportabile per la clientela dell'ineffabile modello di Sant'Agata Bolognese. Durerà solo 150 esemplari l'avventura dell'ultima Miura, perché da primavera 1973 scalpita in listino un'altra Lambo da leggenda, la Countach.

LAMBORGHINI

COUNTACH LP500 LP400

1971-77

SCHEDA TECNICA

Motore: posteriore-centrale longitudinale, 12 cilindri a V di 60°
Cilindrata: 4.971 cm^3 (3929 cm^3 per la LP400)
Alesaggio e corsa: 85 x 73 mm (82 x 62 mm per la LP400)
Alimentazione: 6 carburatori Weber 45 DCOE
Cambio: 5 marce + R.M.
Rapporto di compressione: 10,5:1
Potenza: 440 CV a 7500 giri/min. (375 CV a 8000 giri/min. per la LP400)
Peso a vuoto: 1130 kg (1065 kg per la LP400)
Prestazioni: 315 km/h

Sembrava impossibile replicare l'effetto choc della Miura presso clientela e addetti ai lavori. Eppure il miracolo si ripeteva con la Countach, anche se questa volta al posto del duo Dallara-Gandini c'era quello Stanzani-Gandini: pure loro hanno seguito la rigorosa traccia lamborghiniana della realizzazione di una GT ad alte prestazioni che fosse, in sostanza, la più sorprendente di tutte.

E di sorpresa possono davvero parlare, nel marzo 1971, i visitatori dello stand del Toro presso la classica esposizione ginevrina alla vista del giallo romboide che reca sullo specchio di coda la scritta Countach: è nata la Lambo LP500, una V12 bialbero da 5000 cm^3 e 440 CV. Assurdo, però, anche solo pensare di industrializzare un prototipo tanto estremo, con quel cambio (a 5 rapporti) piazzato davanti al motore (posteriore longitudinale), la linea di cintura assurdamente alta, le portiere che si aprono verso il cielo e l'abitacolo tipo cabina di guida dello Shuttle.

Per arrivare alla produzione serviranno infatti altri due anni

e altri due prototipi (il secondo rosso, il terzo verde, per una tavolozza nazional-popolare quant'altre mai). L'unità motrice diventa alla fine un quattro litri da 375 CV e 315 km/h (parola di Bob Wallace, il guru dei collaudi), montato su un inedito (e bellissimo) telaio multitubolare disegnato da Stanzani. La "ciclistica" fa perno sulle solite ruote indipendenti davanti e dietro. Il design ha approfittato a man bassa della tendenza dell'epoca a proporre prese d'aria e appendici varie per ottimizzare raffreddamento e tenuta di strada senza curarsi troppo dell'aerodinamica, così che l'effetto visivo di muscolare animale da asfalto è totale. Va sottolineato questo ennesimo exploit del capo-disegnatore di Bertone, quel Marcello Gandini capace di rinnovarsi sistematicamente, cavando dal cilindro della sua creatività sorprese sempre più grandi e che faranno scuola. La versione definitiva è ancora verniciata in un bel giallo squillante (detto Girasole), con gli interni sempre un po' grezzi (anche se lussuosi), per via soprattutto di quel cruscotto (con la strumentazione tornata analogica) che appare un po' improvvisato: evidentemente l'ergonomia non è ancora di casa a Sant'Agata Bolognese, altrimenti non si spiegherebbe quel tachimetro così distanziato dal contagiri. Quando le prime Countach LP400 vanno in produzione (fine 1973-inizi 1974), ci si accorge che il sistema di apertura delle portiere, dopo gli iniziali dubbi di scarsa praticità, non solo viene adottato sulle successive serie della vettura, ma si appresta a di-

PROTOTIPO
Il primo dei tre prototipi della Countach: lo straordinario cuneo gandiniano esibisce una linea di cintura eccezionalmente alta.

LAMBORGHINI

COUNTACH LP500 - LP400

ventare addirittura il marchio di fabbrica delle future berlinette del Toro di fascia alta. Venderà bene, la Countach (che nel 1976 costa 25.350.000 lire, circa tre volte il prezzo della Miura di 10 anni prima), per un totale di due migliaia di esemplari in diciassette anni e farà anche del cinema. Per esempio, nel 1977, nel film *Mr. Miliardo* di Jonathan Kaplan è co-protagonista a fianco di Terence Hill, un giovane meccanico che ha appena avuto una grossa eredità e che sulla rossa Lambo scorrazza per Roma: curiosamente, a fare da controfigura è Enzo Moruzzi, impiegato amministrativo a Sant'Agata Bolognese dal luglio 1966. A proposito del nome dell'ultima vettura del Toro: dopo che tutto è stato ormai detto sulla sua genesi, resta da notare una coincidenza che la dice lunga sull'effetto Countach. Se esso (in dialetto torinese) significa "peste" nel bonelliano senso di "caspita!", come meravigliarsi che proprio un modello detto Caspita sia stato realizzato (in prototipo) dai giapponesi della Jiotto (ex Dome, la fantasiosa piccola Casa sportiva di Kyoto) nel 1989? È una due posti che adotta un V12 da F1 della Motori Moderni da 3497 cm^3: collocato in posizione centrale, è forte di oltre 450 CV per 320 km/h e 4"7 da 0 a 100 km/h... Il prototipo iniziale (con tanto di portiere ad "ali di gabbiano") è seguito nel 1993 da quello della Caspita II, una V10 (il motore stavolta è un Judd da 585 CV) accreditata di ben 345 km/h e 3"4 da 0 a 100 km/h. Sempre nel 1989, vede la luce un'altra supercar (costruita e venduta in cinque costosissimi esemplari) che fa riferimento esplicito alla Countach, anzi ne adotta (su licenza) i gruppi meccanici della versione da cinque litri del 1985: è la Montecarlo GTB Centenaire, prodotta dalla monegasca MCA. Il progetto si deve all'ingegner Carlo Chiti e a Guglielmo Bellasi, coordinati dal monegasco Fulvio Maria Ballabio: grazie all'adozione di 2 turbo, la vettura passerà addirittura dai 455 CV originari a quota 720! Nel 1993, un team della Russia post-sovietica ne fece addirittura correre una alla 24 Ore di Le Mans (chissà se Ferruccio l'ha mai saputo) col nome di... MIG. Noblesse oblige.

LAMBORGHINI

BRAVO

1974

SCHEDA TECNICA

Motore: posteriore-centrale trasversale, 8 cilindri a V di 90°
Cilindrata: 2995 cm^3
Alesaggio e corsa: 86 x 64,5 mm
Alimentazione: 6 carburatori Weber 40 DCNF
Cambio: 5 marce + R.M.
Rapporto di compressione: 10:1
Potenza: 300 CV a 7800 giri/min.
Peso a vuoto: 1085 kg
Prestazioni: 260 km/h

Ancora un "pezzo" unico di Casa Lamborghini, a lungo testato prima della presentazione a Torino 1974: è la berlinetta Bravo. Monta il motore Urraco P300 (8V da tre litri, bialbero in testa, "pompato" a 300 CV per 260 km/h) collocato dietro (centralmente e trasversalmente) sotto una livrea verniciata di giallo e disegnata da Marcello Gandini per la Bertone. Modernamente impostata a cuneo, esibisce una curiosa rivisitazione delle griglie della Miura su entrambi i cofani, un tentativo intelligente (ma un po' triste) di provare a risolvere i cronici problemi di surriscaldamento del motore. A livello estetico-funzionale, ben più degni di nota sono il cristallo anteriore (che fa parte di una vetratura particolarmente estesa) con strutture di sostegno "nascoste" e gli inediti cerchi in lega a cinque fori cilindrici che diventeranno una vera e propria "firma" della Marca quanto quelli con disegno a stella della Ferrari. L'architettura esterna generale ha portato a realizzare un abitacolo di proporzioni incredibilmente ridotte, pur se con un livello di fi-

niture molto alto rispetto al trend consueto dell'atelier di Grugliasco. Gruppi meccanici e "ciclistica" della Urraco seconda serie sono ormai decisamente a punto, tanto da far pensare che la Bravo potrebbe diventare l'erede in listino della non troppo fortunata "piccola" della Marca. Sarà anche un toro particolarmente combattivo il Bravo (toro da corrida), ma il suo epigono bolognese a quattro ruote purtroppo non fa molta strada (se si escludono i 40.000 km dei test pre-Salone): la mancanza di idee chiare della nuova proprietà svizzera a Sant'Agata Bolognese non permette l'industrializzazione del prototipo, che finirà nel museo della famosa carrozzeria torinese. Soprattutto, pesa sulla novità il ritardo epocale che gli addetti ai lavori (e la clientela) non hanno mai perdonato allo sviluppo della Urraco. E pensare che ovunque è stata presentata, quest'ultima Lambo a due posti non ha mancato di suscitare consensi, in parallelo con quanto dichiarato dal grande Nuccio: «La Bravo rappresenta un atto di fiducia nel futuro, che indubbiamente dovrà confermare il superamento delle attuali difficoltà». Il riferimento è al recentissimo stravolgimento del mercato dovuto alla crisi petrolifera innescata dalla guerra del Kippur dell'anno prima, quando gli Stati arabi membri dell'OPEC hanno, da un giorno all'altro, alzato il prezzo del petrolio da 2 a... 40 dollari al barile.

LAMBORGHINI

SILHOUETTE

1976-79

SCHEDA TECNICA

Motore: posteriore-centrale trasversale, 8 cilindri a V di 90°
Cilindrata: 2995 cm^3
Alesaggio e corsa: 86 x 64,5 mm
Alimentazione: 6 carburatori Weber 40 DCNF
Cambio: 5 marce + R.M.
Rapporto di compressione: 10:1
Potenza: 260 CV a 7500 giri/min.
Peso a vuoto: 1240 kg
Prestazioni: 260 km/h

Ancora un'erede dell'Urraco, ancora un modello "segnato" commercialmente dall'aver adottato i gruppi meccanici (e non) della tribolata berlinetta. Peccato, perché non solo adesso soprattutto l'unità motrice della nuova "piccola" del Toro va veramente bene, ma la Silhouette è anche la prima Lambo ad andare in produzione (anche se per una cinquantina di esemplari soltanto) dopo l'insediamento della nuova proprietà elvetica a Sant'Agata Bolognese. Ad entrare in listino nel settembre 1976 (per restarci fino al febbraio 1979) è una "scoperta" a due posti secchi, una spider tipo Targa, con tanto di tettuccio rigido riponibile dietro pilota e passeggero. Il motore è collocato proprio dietro, in posizione centrale-trasversale: è il tre litri bialbero a V8 della P300, forte di 260 CV per 260 km/h, per uno scatto da 0 a 100 km/h in 6"5 e un chilometro da fermo in 25"1. È tutto in lega leggera, con l'albero a gomiti che lavora su cinque rassicuranti supporti. Una curiosità: la griglia cromata a settori del cambio a cinque marce (un po' laboriose da inserire)

è la stessa della Urraco, tanto che la mostrina adottata ne riporta ancora il nome sulla destra.
Il mercato avrebbe dovuto avere più fiducia in una vettura chiamata con lo stesso nome della coeva, inedita classe del Campionato mondiale Marche perché, come le sue colleghe "da corsa", la Silhouette ha grinta da vendere: non a caso, alla sua definizione ha collaborato Gian Paolo Dallara, uno che di gare se ne intendeva (e intende) alla grande. È stato lui a voler adottare le non ancora troppo sperimentate gomme Pirelli P7 a sezione larghissima (195/50 VR 15 all'avantreno e 285/40 VR 15 al retrotreno): sono montate sui cerchioni a cinque fori cilindrici già visti sulla Bravo di due anni prima, da 8"x15" davanti e 11"x15" dietro. I risultati, in termini di stabilità, tenuta di strada in curva e maneggevolezza, sono straordinari, come la frenata dei quattro dischi autoventilanti della Girling. Su un autotelaio di questo modello si è lavorato in seguito per sviluppare il prototipo della Jalpa (1981), il modello reso famoso da Sylvester Stallone nel film *Rocky IV*. Invece, per la Silhouette niente mercato USA per problemi di omologazione: peccato, perché è anche un'auto decisamente elegante, per molti la più elegante Lambo mai realizzata. Quattro le verniciature offerte: rosso, bianco, nero e giallo, ancora i colori di una tavolozza nazional-popolare che Ferruccio sicuramente ha gradito, anche se lui ormai è da tre anni in riva al Trasimeno a coltivare viti e a imbottigliare vino.

LAMBORGHINI

COUNTACH LP400 S LP500 S

1978-85

SCHEDA TECNICA

Motore: posteriore-centrale longitudinale, 12 cilindri a V di 60°
Cilindrata: 3929 cm^3 (4754 cm^3 per la LP500 S)
Alesaggio e corsa: 82 x 62 mm (85,5 x 69 mm per la LP500 S)
Alimentazione: 6 carburatori Weber 40 DCOE (45 DCOE per la LP500 S)
Cambio: 5 marce + R.M.
Rapporto di compressione: 10,5:1 (9,2:1 per la LP500 S)
Potenza: 345 CV a 8000 giri/min. (375 CV a 7000 giri/min. per la LP500 S)
Peso a vuoto: 1460 kg (1490 kg per la LP500 S)
Prestazioni: 275 km/h (300 km/h per la LP500 S)

Come scrive "Quattroruote" nel fascicolo del febbraio 1982, l'erede della Countach LP400, la LP400 S del 1978 «è forse la supercar più estrosa e personale sul mercato». La genesi di questo modello attiene per lo più al campo della cronaca sportiva che a quello della storia industriale del nostro Paese. Infatti, nasce perché un privato appassionatissimo e ricchissimo, già possessore di una Miura SV (chassis n. 5092) e di ben tre Countach prima serie, l'ha già prefigurato nelle "special" che ha "preparato" per lui Gian Paolo Dallara. Parliamo di Walter Wolf, il petroliere canadese ex sponsor della Williams, arrivato nel 1977 al successo sportivo internazionale grazie alle vittorie nel Mondiale F1 del sudafricano Jody Scheckter (poi, 1979, iridato in Ferrari) sulla sua vettura nera e oro esordiente nella massima Formula. L'ordine al progettista parmense era stato solo uno: massimizzare le prestazioni. Così, tanto per cominciare, il V12 bialbero delle tre LP400 (rispettivamente verniciate in un bel rosso squillante, in un azzurro Bugatti e

in un aggressivo blu-nero) era stato portato a 5000 cm³. All'affascinante (ma soprattutto intrigante) cuneo gandiniano spuntavano poi inedite sovrastrutture sotto forma di appendici deportanti (uno spoiler anteriore e una vistosa ala posteriore regolabile) e passaruota allargati per ospitare le recenti gomme Pirelli P7 a grande sezione e a profilo megaribassato che Dallara aveva già fatto adottare sulla recente Silhouette nata con la sua consulenza "corsaiola".

Proprio il terzo esemplare (privato dell'alettone e con l'unità motrice tornata a quattro litri) diventava il prototipo da Salone (Ginevra 1978) della Countach LP400 S e lo scalpore che suscitava (anche per la riproposizione, affinata, dei noti, dirompenti stilemi della livrea) era quasi lo stesso che aveva accolto la Miura al suo apparire, a riprova che entrambe queste vetture del Toro erano nate con lo stesso spirito: "épater le bourgeois".

I valori di potenza (345 CV), coppia (361 Nm) e punta velocistica (oltre 275 km/h effettivi) erano finalmente gestibili (godibili) alla grande, grazie anche all'inedita, efficientissima frizione bidisco Borg&Beck. Per rinforzare l'ingresso sul ricchissimo (e ultra-protetto) mercato USA, si allestivano alcune decine di esemplari da 4400 cm³ con l'alimentazione a iniezione elettronica e gli immancabili rostri in gomma sui paraurti.

Per gli insaziabili, nel 1981 Paolo Stanzani preparava la versione LP500 S, con propulsore da cinque litri per 375 CV, 440 Nm e oltre 300 km/h.

LAMBORGHINI

ATHON

1980

SCHEDA TECNICA

Motore: posteriore-centrale trasversale, 8 cilindri a V di 90°
Cilindrata: 2995 cm^3
Alesaggio e corsa: 86 x 64,5 mm
Alimentazione: 6 carburatori Weber 40 DCNF
Cambio: 5 marce + R.M.
Rapporto di compressione: 10:1
Potenza: 250 CV a 7500 giri/min.
Peso a vuoto: 1260 kg
Prestazioni: 260 km/h

Athon come il dio dell'antico Egitto che sovrintendeva ad aria e sole. E aria e sole è ciò che offre in abbondanza lo spider Athon (del tutto sprovvisto di copertura per l'abitacolo!) allestito in esemplare unico nel 1980. È stato Nuccio Bertone, ancora una volta, a prendere l'iniziativa in prima persona (come nel caso della Bravo di quattro anni prima), in un momento in cui la Marca di Sant'Agata Bolognese ha bisogno di tutti gli attestati di fiducia possibili per non soccombere. Il motore è derivato dal collaudato V8 bialbero da tre litri della Silhouette, come al solito collocato posteriormente in posizione centrale-trasversale, capace di più che buone prestazioni (250 CV, 260 km/h), ottenute peraltro in assoluta sicurezza: insomma, sono lontani i tempi dei problemi di fragilità dell'unità motrice della Urraco da cui deriva. La "ciclistica" è irreprensibile, come conferma il test di "Quattroruote" del luglio 1980, che ne esalta le doti di stabilità e tenuta di strada. Marcello Gandini è partito per altri lidi (consulenze in proprio)

e a Grugliasco il lavoro sullo stile è stato affidato a Marc Deschamps, l'ormai sperimentato designer francese di cui ci piace ricordare l'apporto alle linee inconfondibili della comoda ma sportiva Citroën-Maserati.

Proprio come per la Bravo, la novità Lambo è stata a lungo testata prima dell'esposizione di fine anno a Torino, ma è decisamente troppo fuori dalle righe perché si possa pensare (con l'aria che tira in Casa) di mandarla in produzione, se pure in piccola serie. Perché questo corrusco cuneo, tosto ed essenziale (e anche un po' bruttino, con quelle due ruote posteriori all'estremo limite del retrotreno), va di fatto usato solo col bel tempo, sempre che pilota e passeggero non si lascino spaventare da quegli interni modernisti dominati da un parabrezza con un cristallo inclinato, curvo ed avvolgente, neanche fosse la cupoletta in perspex fumé di un aereo da combattimento. Per non parlare del cruscotto digitale dove scorrono di continuo segnali multicolori che offrono, incredibilmente, anche i valori di coppia. Insomma, sono lontani i tempi dell'affascinante Alfa Romeo Duetto e della sua romantica epopea nel film *Il laureato*, anche perché i tempi d'oro delle spider pure sembrano ormai agli sgoccioli.

Comunque sia, questo prototipo non è proprio industrializzabile e gli appassionati dovranno attendere ancora un anno prima di vedere una "scoperta" del Toro (la Jalpa) andare in listino con discreti esiti commerciali.

LAMBORGHINI

JALPA 350

1981-88

SCHEDA TECNICA

Motore: posteriore-centrale trasversale, 8 cilindri a V di 90°
Cilindrata: 3485 cm^3
Alesaggio e corsa: 86 x 75 mm
Alimentazione: 4 carburatori Weber 42 DCNF
Cambio: 5 marce + R.M.
Rapporto di compressione: 10:1
Potenza: 255 CV a 7000 giri/min.
Peso a vuoto: 1510 kg
Prestazioni: 235 km/h

Se, con l'inizio del decennio degli anni Ottanta, si può parlare di crisi definitiva per le classiche spider, il discorso non vale per le "scoperte" tipo Targa, una categoria che si fa forte del successo quindicennale del modello di riferimemto, l'omonima Porsche 911 del 1966. La nuova Lambo, la Jalpa 350 del 1981, si colloca in questo segmento produttivo, seguendo le orme della Silhouette (in una "rilettura" perfezionata da Stanzani) e chiudendo l'esperienza del V8 disegnato dallo stesso progettista ben undici anni prima. L'unità motrice, al momento di entrare in produzione, nel 1982, è forte di tre litri e mezzo di cilindrata per 255 CV a 7000 giri (invece della precedente cubatura da tre litri e 250 CV a 7500 giri): messo in posizione centrale-posteriore trasversale, il V8 garantisce una velocità massima che sfiora i 235 km/h e un'elasticità di marcia davvero rimarchevole, mentre la "ciclistica" a ruote tutte indipendenti (e gommate Pirelli P7) fa la sua parte. "Quattroruote" definisce, comunque, la Jalpa una "sportiva vecchio stile", durante una classica prova su

strada nel gennaio 1987, con il futuro (1992) ferrarista Ivan Capelli alla guida: ovvero, cotanta cavalleria in un motore centrale va domata da un pilota esperto. In una curva presa ad alta velocità, infatti, con un sottosterzo iniziale e un sovrasterzo finale, il rischio è che la vettura "parta" all'improvviso in testacoda. Persa la grande ala posteriore (nonché l'affascinante verniciatura color miele) del prototipo da Salone, lo stile della berlinetta colpisce sempre il cuore degli appassionati di supercar, non fosse altro perché, nella seconda serie (1984), sullo specchio di coda spiccano delle luci rotonde come su una... Ferrari.

Adottando il nome di un'ennesima razza di tori da corrida, la Jalpa esce in un momento decisamente particolare della Marca di Sant'Agata Bolognese, con la crisi (leggi: fallimento) appena messa alle spalle grazie alle mosse intelligenti della nuova proprietà francese. Certo non saranno i poco più di 400 esemplari commercializzati in sette anni (nell'ultimo, il prezzo è di 97.308.000 lire) a risollevare del tutto le sorti dello storico Marchio: intanto, però, anch'essi servono per comunicare al mercato: «Ci siamo ancora», in attesa della resurrezione definitiva ancora di là da venire. Si realizza anche un prototipo della versione Speedster, con tettuccio in tela, che resta un esemplare unico.

Come è noto, la Jalpa è stata l'auto di Sylvester Stallone in *Rocky IV*: su un esemplare nero, Rocky Balboa sfrecciava tranquillo per le strade di Philadelphia, in attesa di andare a Mosca per sentirsi dire dal fantascientifico pugile sovietico Ivan Drago: «Io ti spiezzo in due».

LAMBORGHINI

COUNTACH QUATTROVALVOLE - ANNIVERSARIO

1985-90

SCHEDA TECNICA

Motore: posteriore-centrale longitudinale, 12 cilindri a V di 60°
Cilindrata: 5167 cm^3
Alesaggio e corsa: 85,5 x 75 mm
Alimentazione: 6 carburatori Weber 44 DCNF (45 DCOE per la Anniversario)
Cambio: 5 marce + R.M.
Rapporto di compressione: 9,5:1
Potenza: 455 CV a 7000 giri/min.
Peso a vuoto: 1490 kg
Prestazioni: 315 km/h

Seguendo le vecchie, rigorose direttive di Ferruccio (anche se lui è dal 1973 nel suo "buen retiro" perugino) sul perfezionamento sistematico del prodotto, nel 1985 arriva un ennesimo aggiornamento della Countach, la vettura del Toro in vendita (pur tra una crisi e l'altra della Marca) ormai da una dozzina d'anni. La Quattrovalvole copre il divario tecnico con la Ferrari aperto l'anno prima a Maranello dalla Testarossa con la sportiva distribuzione a quattro valvole per cilindro. Ora il classico V12 bialbero di Sant'Agata Bolognese ha la cilindrata portata a 5167 cm^3, all'interno di un lavoro di ottimizzazione della parte termica effettuato dall'ingegner Giulio Alfieri, nuovo guru tecnico Lambo. I 455 CV e i quasi 315 km/h (verificati a Nardò) di punta velocistica tolgono ogni dubbio al colto e all'inclita su quale sia, di nuovo, la supercar più potente e veloce del pianeta: non a caso è soprannominata "Terminator".
Ecco come si spiega un prezzo di vendita vicino ai 190 milioni di lire, sfrontatamente superiore di oltre venti a quello

della dodici cilindri rivale con i coperchi delle testate verniciati in rosso. Ovviamente, al di là delle prestazioni, la Quattrovalvole offre molto altro. Lo conferma la solita "Quattroruote" (marzo 1988) che parla di una grande elasticità del propulsore, unita alla certezza di stare godendo un "frutto proibito" (ai più), anche solo guardando i valori di accelerazione e ripresa: da 0 a 100 km/h in 5"8 e il chilometro da fermo in 24"1 (per la Testarossa si parla rispettivamente di 5"7 e 24"5). Della novità di Sant'Agata Bolognese si produrranno e commercializzeranno oltre 650 esemplari in un triennio, a riprova che la clientela è ormai fidelizzata e attende soltanto che la sua Casa del cuore superi la congiuntura negativa in modo definitivo, come merita un Marchio diventato una leggenda in poco più di vent'anni. Poi, anche per la Countach arriva il momento di cedere il passo. Avviene con la Anniversario del 1988, modello che festeggia i 25 anni di attività del Toro. Ora, a guardarla, la belva originaria di Marcello Gandini sembra decisamente meno selvaggia a causa di un restyling che l'ha resa molto meno vistosa, eliminando in gran parte le precedenti, aggressive sequenze di pieni e vuoti, spigoli vivi e diedri. In compenso, oltre ai soliti valori esagerati delle prestazioni, si guida sempre meglio, ovvero con un minimo di comfort in più visto che ha perfino... i vetri elettrici. Finita la storia industriale del modello, inizia ora la sua leggenda, a cominciare dai già citati cloni giapponesi e monegaschi.

L A M B O R G H I N I

DIABLO

1990-99

S C H E D A   T E C N I C A

Motore: posteriore-centrale longitudinale, 12 cilindri a V di 60°
Cilindrata: 5707 cm^3
Alesaggio e corsa: 87 x 80 mm
Alimentazione: iniezione elettronica LIE
Cambio: 5 marce + R.M.
Rapporto di compressione: 10:1
Potenza: 492 CV a 6800 giri/min.
Peso a vuoto: 1490 kg
Prestazioni: 325 km/h

Cè un gran freddo, anche se si è a Montecarlo, quella mattina di fine gennaio del 1990 in cui è presentata ufficialmente la Lamborghini Diablo. Ma c'è ancora più freddo nel cuore degli appassionati duri e puri della Marca, dopo che hanno potuto vedere quanto l'attuale proprietà yankee abbia stravolto nel modello lo spirito originario del mito sognato e creato da Ferruccio. Perché, avrà anche il nome di un toro da combattimento passato alla storia per l'indomita aggressività, ma l'inedita supercar di Sant'Agata Bolognese ha perso davvero molto, soprattutto nello stile, del genoma selvaggio della Countach che va a sostituire in listino. È un passo indietro di cui non è certo responsabile Marcello Gandini che, anche se non più sotto l'egida della Carrozzeria Bertone, ha disegnato la livrea della vettura. Ormai professionista in proprio, il cinquantaduenne torinese ha "tirato le righe" (da par suo) di un prototipo tanto spettacolarmente "cattivo" da terrorizzare (letteralmente, stando alle testimonianze) la Chrysler, dal 1987 proprietaria della Casa del To-

ro. Dopo di che, gli uomini di Detroit hanno pensato bene di affidarne al loro Styling Center il rifacimento secondo linee più consone ai tempi nuovi, evidentemente improntati (anche per il mercato delle GT) a un tranquillizzante buonismo. Per quanto riguarda la meccanica, anche il baffuto responsabile dell'Ufficio tecnico Lambo, Luigi Marmiroli, si è adeguato, facendo alimentare il classico V12 bialbero posteriore-centrale longitudinale (con cambio in blocco sempre davanti), rivisitato a fondo nella parte termica anche con l'adozione della distribuzione a quattro valvole per cilindro, con un sistema a iniezione elettronica (LIE) realizzato con Weber e Marelli. Esso ha il compito di "civilizzare" l'erogazione dei 492 CV che scaturiscono dai 5700 cm^3 della nuova cilindrata, per portare a quasi 330 km/h la punta velocistica (verificata) e al valore di 4"1 lo scatto da 0 a 100 km/h: sono belle soddisfazioni anche per chi ha nostalgia dei rudi Weber in duplice fila come i cipressi carducciani! Su un ridisegnato telaio (a traliccio di tubi a sezione quadra) in carbonio e materiali compositi, colpisce quell'abitacolo (con il posto guida molto avanzato) che continua a essere rifinito in stile... Countach, ovvero senza troppi fronzoli, a onta di un prezzo d'acquisto (1990) di 350.000.000 di lire tonde tonde. Tirando le somme, questo cuneo compatto e un po' anonimo che taglia i ponti col passato e traghetterà la Casa del Toro nel nuovo millennio sembra rinnegare il fascino aggressivo e pionieristico che ha reso leggendaria la Casa: sarà per questo che, come sappiamo, la novità non fu gradita al vecchio, ma sempre attento Ferruccio?

L A M B O R G H I N I

DIABLO VT SE

1993-00

S C H E D A   T E C N I C A

Motore: posteriore-centrale longitudinale, 12 cilindri a V di 60°
Cilindrata: 5707 cm^3
Alesaggio e corsa: 87 x 80 mm
Alimentazione: iniezione elettronica LIE
Cambio: 5 marce + R.M.
Rapporto di compressione: 10:1
Potenza: 492 CV a 6800 giri/min. (520 CV a 7000 giri/min. per la SE)
Peso a vuoto: 1625 kg (1450 kg per la SE)
Prestazioni: 325 km/h (330 km/h per la SE)

Il 1993 registra l'ingresso in listino della Diablo VT, la prima Lambo a quattro ruote motrici, un evento che si accompagna a un generale passo in avanti di qualità nelle finiture (dalle più durature guarnizioni delle portiere alle vernici della carrozzeria in più ampia gamma) della produzione di Sant'Agata Bolognese, quasi a celebrare la fine dell'ultima brutta congiuntura internazionale che ha colpito il settore. Un sistema di trazione integrale, in funzione di una migliore tenuta di strada nelle curve ad alta velocità, era da tempo nelle corde dell'Ufficio tecnico: il vecchio progetto si basava sulla possibilità di far trasferire parte (30%) della coppia motrice dal retrotreno all'avantreno mediante un differenziale centrale meccanico. In produzione, le cose sono un po' cambiate, visto che sulla VT quest'ultimo è sostituito da un giunto viscoso d'accoppiamento che agisce in automatico (fino a una percentuale massima del 15%) in ogni situazione di perdita di aderenza: da qui il nome del modello, dalle iniziali di Viscous Traction, ed ecco perché gli addetti ai

lavori più pignoli preferirebbero parlare, al riguardo, di trasmissione totale e non integrale. Un sistema si sospensioni elettroniche a quattro modalità di funzionamento oltre a quella normale permette un ulteriore miglioramento dell'assetto della nuova supercar del Toro, sommandosi alla comodità dello sterzo finalmente (ma non per i fan più duri e puri della Marca) servoassistito. Tanta cura nella "ciclistica" non può, comunque, non essere gradita alla luce delle prestazioni della VT che, a onta dell'aumentato peso (e attrito interno) della trasmissione, sfiora i 325 km/h, andando da 0 a 100 km/h in poco meno di 4"1. Anche il cinema se ne interessa: un esemplare lo si vedrà sfrecciare per le strade di Roma nel film del 1993 *Nestore, l'ultima corsa*, di e con Alberto Sordi.

Ma, il 1993 è anche (pressoché in coincidenza con la morte di Ferruccio, il 20 febbraio) il trentesimo anniversario della fondazione del Marchio. Ecco perché, a inizio autunno, viene presentata la Diablo SE o SE 30 (la sigla è l'acronimo di Special Edition), versione alleggerita e impreziosita dall'adozione di parti in magnesio (per esempio, il collettore di aspirazione), in carbonio (la scocca dei sedili) e in titanio (le viti di fissaggio dei nuovi cerchi OZ, anch'essi in magnesio). I fortunati 150 acquirenti (in tre anni) si godranno una potenza salita a quota 520 CV, per 330 km/h di velocità massima: anche per tenere a bada valori simili, oltre al controllo elettronico della trazione spicca al retrotreno un inedito, doppio alettone.

LAMBORGHINI

CALÀ

1995

SCHEDA TECNICA

Motore: posteriore-centrale longitudinale, 10 cilindri a V di 90°
Cilindrata: 3960 cm^3
Alesaggio e corsa: 85,5 x 69 mm
Alimentazione: iniezione elettronica LIE
Cambio: 6 marce + R.M.
Rapporto di compressione: 10,5:1
Potenza: 400 CV a 7200 giri/min.
Peso a vuoto: 1290 kg
Prestazioni: 300 km/h

È merito di Giorgio Giugiaro (Italdesign) se nel 1995, al Salone di Ginevra di marzo, arriva anche per la Lamborghini il momento della presentazione di un modello, la Calà, dotato di motore V10, come sul prototipo della misconosciuta P140 del 1988, uno dei primi progetti dell'ingegner Luigi Marmiroli, all'epoca approdato da appena due anni alla direzione dell'Ufficio tecnico del Toro. Quella a V10 è l'architettura più efficiente, a detta degli addetti ai lavori, per propulsori ad alte prestazioni non sovralimentati, e in effetti vedremo come, tra otto anni, la storia renderà giustizia a questa scelta con il fenomeno (anche commerciale) chiamato Gallardo. Una scelta, aggiungiamo noi, che è la sola vera idea originale (proveniente però dall'esterno!) sul fronte produttivo Lambo in un periodo di deprimente magra progettuale, un altro amaro frutto del recente spostamento della proprietà di Sant'Agata Bolognese in mani malesi-indonesiane. Per fortuna, si continua a vendere la Diablo, così come anni prima la commercializzazione mai interrotta della Countach era

servita a superare i tempi bui che avevano portato alla sentenza di fallimento. L'unità motrice è montata longitudinalmente, in posizione posteriore-centrale, su un telaio a pannelli in lega di alluminio che è l'aggiornamento di quello della rossa P140 abbandonata da sette anni in un capannone della Casa (o tempora, o mores!). Il V10 è un quattro litri forte di 400 CV per 300 km/h di punta velocistica, con tanto di cambio a sei rapporti più la retromarcia, una novità per la Marca di Sant'Agata Bolognese. Per raffreddare i gruppi meccanici, sulla fiancata della "piccola" Lambo (il cui nome, sulle orme della Countach, riecheggia un'esclamazione di stupore in dialetto piemontese), ecco una grande, affascinante "unghiata", una scalfatura di pura scuola... ferrarista. Lo spoiler anteriore, il fondo vettura sgombro in funzione di estrattore, la grande ala deportante posta sopra lo specchio di coda, la griglia del cofano-motore che spezza le turbolenze (e che rivedremo a settembre sulla Diablo SE), tutto qui è all'insegna della massima attenzione prestata alla ricerca aerodinamica. Molto elaborati gli interni, con quell'abitacolo avanzato in stile Diablo, che riprendono i curvi stilemi della carrozzeria. Insomma, anche se non se ne farà niente in sede produttiva e resterà in esemplare unico, questa gialla berlinetta 2+2 tipo Targa ha davvero tante frecce al suo arco, ovvero avrebbe avuto tanti plus di vendita da giocare alla grande nel suo segmento, sul mercato delle supercar di lusso ad alte prestazioni. La sua industrializzazione viene invece bloccata dalle mai abbastanza deprecate manovre di potere interne ai vertici aziendali dell'epoca. E pensare che la Calà era tutto tranne una concept car: basta vedere quei due air bag predisposti...

LAMBORGHINI

DIABLO VT ROADSTER

1995-00

SCHEDA TECNICA

Motore: posteriore-centrale longitudinale, 12 cilindri a V di 60°
Cilindrata: 5707 cm^3
Alesaggio e corsa: 87 x 80 mm
Alimentazione: iniezione elettronica LIE
Cambio: 5 marce + R.M.
Rapporto di compressione: 10:1
Potenza: 520 CV a 7100 giri/min.
Peso a vuoto: 1625 kg
Prestazioni: 330 km/h

Le "scoperte" tipo Targa sono sempre di moda e la marca del Toro ne approfitta (anche per diversificare il prodotto) per proporre, alla classica esposizione ginevrina della primavera 1995, la Diablo VT Roadster, il cui giallo prototipo (curiosamente, quasi privo di parabrezza!) si era già visto a Ginevra 1992. Da tempo, il mercato chiede alla Casa di mettere in listino l'erede della Silhouette, la "Lambo Targa" fuori produzione da ormai sedici anni, e la favorevole accoglienza della pur sfortunata e coeva Calà è stato l'ultimo segnale al riguardo. Certo, la nuova VT non ha il fascino della bertoniana Miura Roadster di ventisette anni prima (e quale modello potrebbe mai averlo?), ma resta comunque un bel lavoro di stile del solito Marcello Gandini, pur con non pochi riferimenti alla Diablo SE che sta uscendo di produzione. Il tettuccio rigido, una volta rimosso, trova posto sopra il vano motore (e meno male che è realizzato nella termostabile fibra di carbonio!): la manovra è da effettuare manualmente, essendo stata inspiegabilmente bocciata una vecchia, fun-

zionalissima proposta gandiniana di azionamento motorizzato. Il V12 bialbero quattrovalvole della Casa (collocato al retrotreno in posizione centrale-longitudinale) inizialmente è forte di 520 CV che diventeranno 530 nella "rilettura" di fine 1998: come sulla VT coupé è a fasatura variabile delle valvole e adotta il sistema "casalingo" di iniezione elettronica LIE Nella "ciclistica" a quattro ruote motrici, sempre con sospensioni "intelligenti" tutte indipendenti, spicca finalmente l'ABS per i quattro dischi-freno autoventilanti. Gli interni sono in pelle trattata, proprio come sulla Calà, per meglio resistere agli agenti atmosferici.

L'inedita Lambo si venderà in 118 esemplari in sei anni, a onta del prezzo stratosferico, un po' oltre i 400 milioni di lire, nel 1996: evidentemente, una bazzecola per i californiani rampanti alla ricerca del vento tra i capelli a 200 miglia all'ora!

La solita "Quattroruote" sottopone la nuova Roadster a una classica prova su strada pubblicata nel gennaio 1999. Ne emergono giudizi letteralmente entusiastici sull'elasticità del motore e sulla precisione di cambio e sterzo, a parte la constatazione che questa ultra-maneggevole "scoperta" è l'unica al mondo che supera i 330 km/h di velocità massima!

Soprattutto, c'è la conferma che la Casa di Sant'Agata Bolognese non ha mai cessato, crisi o non crisi, la ricerca per migliorare il prodotto: è questo l'aspetto che più interessa a certi costruttori tedeschi di Ingolstadt che da tempo stanno puntando il binocolo (con lenti Carl Zeiss di Jena, of course) su un paesino del Bolognese...

LAMBORGHINI

RAPTOR

1996

SCHEDA TECNICA

Motore: posteriore-centrale longitudinale, 12 cilindri a V di 60°
Cilindrata: 5707 cm^3
Alesaggio e corsa: 87 x 80 mm
Alimentazione: iniezione elettronica LIE
Cambio: 5 marce + R.M.
Rapporto di compressione: 10:1
Potenza: 492 CV a 6800 giri/min.
Peso a vuoto: 1350 kg
Prestazioni: oltre 330 km/h

Ancora un prototipo da Salone (Ginevra 1996) destinato a rimanere in esemplare unico. È la Lamborghini Raptor, un'aggressiva due posti approntata (su un autotelaio della Diablo VT) dalla SZ Design di Terrazzano di Rho (Milano), insomma la gloriosa Carrozzeria Zagato. Il disegno è stato ultimato, in soli quattro mesi, senza passare attraverso il modello di stile, ovvero la classica maquette, ma lavorando unicamente al computer: l'autore è Nori Harada, il giapponese responsabile del Centro stile dell'atelier milanese. L'input al progetto ha avuto l'ok del presidente "di turno" a Santa'Agata Bolognese, Michael J. Kimberley (un ex manager Lotus e Jaguar) che vedrebbe di buon occhio la proposta di produrne una cinquantina di esemplari avanzata da Alain Wicki (un ex pilota che fa parte del variegato entourage Lambo dell'epoca) e Andrea Zagato, figlio del famoso Elio.
Il modello nasce come berlinetta (trasformabile da coupé a barchetta) in cui si entra ribaltando verso l'alto il tettuccio (che esibisce la classica doppia bolla, firma del carrozziere

almeno quanto la Z sulle fiancate) a cui sono incernierati (solidalmente) il parabrezza e i vetri laterali. Questa interpretazione "aerospaziale" del concetto di modularità e di accessibilità non piace granché agli addetti ai lavori, in quanto troppo macchinosa, una critica che si somma a quella più generale di stilemi non ben risolti soprattutto nella definizione della coda della vettura. È interessante, invece, la "rilettura" del V12 della Casa, con le prestazioni massimizzate dall'utilizzo di un compressore Z-Engineering che porta la cavalleria da quota 492 a quota 620! Il che, in sinergia con una bella cura dimagrante (tre quintali di massa in meno ottenuti con l'eliminazione di ABS e controllo di trazione, oltre che con abbondante utilizzo di fibra di carbonio per la carrozzeria e l'adozione di interni piuttosto spartani ma ingentiliti dall'Alcantara), porta a una punta velocistica lapidariamente fissata a oltre 330 km/h.

Nonostante alcuni ordini arrivati già all'esposizione ginevrina e gli approfonditi test di sviluppo degli ingegneri del Toro, le critiche non molto benevole e la congiuntura interna alla Marca sempre poco favorevole stoppano la produzione della preventivata piccola serie e la Raptor finisce (esattamente per 216.371,88 dollari) nella collezione di un ricco yankee, dopo essere stata venduta a un'asta Brooks a Ginevra nel 2000 da Wicki stesso, fino ad allora unico proprietario dello sfortunato rapace con le nobili penne verniciate in uno strano ma elegante blu chiaro metallizzato.

LAMBORGHINI

DIABLO SV - SVR ROADSTER SV

1996-00

SCHEDA TECNICA

Motore: posteriore-centrale longitudinale,
12 cilindri a V di 60°
Cilindrata: 5707 cm³
Alesaggio e corsa: 87 x 80 mm
Alimentazione: iniezione elettronica LIE
Cambio: 5 marce + R.M.
Rapporto di compressione: 10:1
Potenza: 492 CV a 6800 giri/min.
(570 CV a 7100 giri/min. per la SVR;
530 CV a 7100 giri/min. per la Roadster SV)
Peso a vuoto: 1576 kg (1485 kg per la SVR;
1450 kg per la Roadster SV)
Prestazioni: 300 km/h (oltre 300 km/h per la SVR)

Il 1996 vede arrivare in listino nuove versioni della Diablo. La prima è la SV (Sport Veloce), una sigla che fa battere forte il cuore ai lamborghiniani doc perché ricorda loro la Miura omonima di un quarto di secolo prima: e, come per quella versione del famoso capolavoro, anche qui per gli addetti ai lavori siamo probabilmente arrivati al top della serie. Adotta la solita unità motrice V12 bialbero a quattro valvole da 5,7 litri a iniezione elettronica, forte di 492 CV per qualcosa più di 300 km/h. Sono valori non altissimi per non ostacolare troppo, in listino, la coeva sorella corsaiola SVR (protagonista del Supertrofeo monomarca organizzato dalla Casa di Sant'Agata Bolognese), la cui cavalleria tocca invece quota 570.

La versione base (346 esemplari) è reduce da una cura dimagrante che ha portato via oltre un quintale di peso rispetto alla Diablo prima serie, esibendo degli interni curati ma all'insegna dell'understatement (l'Alcantara pesa meno della pelle Connolly), come si addice a un modello sporti-

veggiante la cui personalità è preannunciata dalla vistosa scritta SV riportata sulle fiancate e che replica quella classica sullo specchio di coda che (altro colpo al cuore!) utilizza la stessa grafica della variante Miura citata. L'inedita supercar del Toro è dotata di una maneggevolezza finalmente di riferimento, esibendo anche un ben sagomato alettone posteriore in funzione deportante e due inediti snorkel (prese d'aria di derivazione sommergibilistica) sul tetto.

Nel 1998, arriva la versione scoperta tipo Targa, la Roadster SV (a due ruote motrici, in alternativa in listino, per poco più di un anno, alla omonima VT a trazione integrale), che adotta gli stessi interni in Alcantara della coupé e che, nonostante la grande richiesta, non è industrializzata ma è realizzata solo in una trentina di esemplari (in pratica l'estensione dei due prototipi da Salone), tutti destinati ai concessionari europei. Molto interessante è la "rilettura" effettuata nel 1999 (che, peraltro, riguarda tutta la gamma delle Diablo), soprattutto per quanto riguarda i gruppi meccanici e il sistema frenante. La potenza massima sale a 530 CV, in parallelo con un aumento della coppia a 605 Nm (dai precedenti 580), grazie alla fasatura variabile delle valvole e a una diversa mappatura dell'iniezione elettronica LIE della Casa. Un quotato sistema antibloccaggio Kelsey Hayes prende il posto dell'ABS, pur aggiornato, introdotto dalla Marca tre anni prima sulla VT Roadster: è una miglioria realizzata, come nel caso dell'alimentazione, con tanto di collaborazione dell'Ufficio tecnico del Toro, un segno di efficienza (pur in tempi ancora commercialmente duri) che non sfugge allo sguardo vigile degli osservatori di Ingolstadt già citati.

LAMBORGHINI

DIABLO GT - GTR 6.0 - 6.0 SE

1999-01

SCHEDA TECNICA

Motore: posteriore-centrale longitudinale, 12 cilindri a V di 60°
Cilindrata: 5992 cm^3
Alesaggio e corsa: 87 x 84 mm
Alimentazione: iniezione elettronica LIE
Cambio: 5 marce + R.M.
Rapporto di compressione: 10,7:1
Potenza: 575 CV a 7100 giri/min. (590 CV a 7300 giri/min. per la GTR; 550 CV a 7100 giri/min. per la 6.0)
Peso a vuoto: 1460 kg (1395 kg per la GTR; 1625 kg per la 6.0)
Prestazioni: 320 km/h (340 km/h per la GTR; 325 km/h per la 6.0; 320 km/h per la 6.0 SE)

Nel 1999, con la forte e sapiente mano Audi a reggerne da qualche mese le sorti, la Lamborghini prosegue nell'evoluzione della Diablo, inserendo nella ormai lunga sequenza di versioni un'ultima serie di modelli. Dapprima, forse non casualmente presentata al Salone dell'auto di Francoforte invece che a quello canonico di Ginevra, arriva in listino la GT, una supercar prodotta in soli 80 esemplari. Gode di molte migliorie a cominciare dallo chassis e dalla carrozzeria in fibra di carbonio: solo le portiere sono in alluminio, mentre per offrire la massima rigidezza torsionale il tetto è in ac-

ciaio. Per chiudere con la "ciclistica", aggiungiamo che le ruote sono ora da ben 18" con conseguente aumento delle dimensioni dei dischi-freno autoventilanti Brembo (355 mm davanti, 335 mm dietro); le sospensioni sono ottimizzate e un servosterzo idraulico aiuta a spostare i quasi 15 quintali di massa a vuoto.

La cilindrata dell'ormai classico V12 bialbero a quattro valvole (posteriore-centrale longitudinale) è portata a sei litri, per 575 CV di potenza e quasi 340 km/h di velocità massima, accanto a uno strepitoso tempo di 3"7 per il classico da 0 a 100 km/h: entrambi gli ultimi valori sono quelli dichiarati dalla Casa, mentre i test della stampa specializzata (v. "Quattroruote", fascicolo di maggio 2000) hanno fermato i cronometri rispettivamente a quota 320,700 km/h e 4"2. Dotata di trazione a due ruote motrici, l'inedita vettura del Toro adotta la fasatura variabile delle valvole e l'iniezione elettronica casalinga LIE (una Multipoint di ultima generazione).

È davvero bella questa GT, con fiancate e coda splendidamente risolti attraverso stilemi di sobria... ricchezza (grande ala sagomata e snorkel sul tetto compresi): un difficile equilibrio che sarebbe piaciuto a Ferruccio. Il piccolo volante in pelle, che domina plancia e interni dove regna il carbonio in compagnia dell'Alcantara, fa però rimpiangere i generosi Nardi da 40 cm di diametro (in legno pregiato e duralluminio) dei tempi eroici della Marca.

Il Motor Show di Bologna di fine anno è l'occasione per il lancio della GTR in una trentina di esemplari (che sostituisce la SVR nel trofeo monomarca dedicato): i CV sono ora 590 per quasi 340 km/h. Nel 2000, la Casa di Sant'Agata Bolognese manda in listino la Diablo 6.0 a trazione integrale (337 le unità prodotte), forte di 550 CV per 325 km/h, una gran coppia di 620 Nm e una frizione più... morbida. L'ultimo stadio della più che decennale avventura Diablo è la SE (Special Edition) del 2001, in soli 40 esemplari, con rapporti più corti al cambio (320 km/h) e finiture più ricche.

L A M B O R G H I N I

MURCIELAGO

2001-06

S C H E D A   T E C N I C A

Motore: posteriore-centrale longitudinale,
12 cilindri a V di 60°
Cilindrata: 6192 cm^3
Alesaggio e corsa: 87 x 86,8 mm
Alimentazione: iniezione elettronica LIE
Cambio: 6 marce + R.M.
Rapporto di compressione: 10,7:1
Potenza: 580 CV a 7500 giri/min.
Peso a vuoto: 1680 kg
Prestazioni: 330 km/h

Sette prototipi (numerati, per gli amanti della precisione, dal primo, giallo, con autotelaio ZA9BE53A01LA12001 P1 all'ultimo, sempre giallo, su chassis ZA9BE53A01LA12007 P7) e tre anni di sviluppo: ecco quanto è servito alla Lamborghini prima di "lanciare" l'inedita Murciélago, la due posti che deve sostituire la Diablo, inaugurando il nuovo corso aziendale sotto l'egida Audi e il secondo... millennio della Marca. Ed è in una scenografia degna dell'inferno dantesco, nella più spettacolare delle cornici (sulle pendici dell'Etna), che la sera del 7 settembre 2001 avviene la presentazione ufficiale: curiosamente il nome, oltre a essere quello di un toro da combattimento famoso per il leggendario coraggio, significa, in spagnolo, pipistrello. Teoricamente, le linee-guida estetiche dell'inedita supercar (avviata in Bertone) avrebbero dovuto portare a una vettura priva delle ridondanze stilistiche (davvero degne dell'iperrealismo) dei precedenti modelli. Il designer peruviano-belga Luc Donckerwolke ce l'ha messa tutta in tal senso, a partire dai

primi particolari modellati in clay (un'argilla sintetica ben lavorabile a caldo), ma evidentemente è entrato a tal punto nello spirito tradizionale Lambo che il risultato, pur più compatto e meno "esagerato" del solito, è un'ennesima, meravigliosa belva stradale piena di muscoli e assetata di prestazioni. Per fornire adeguata energia a quei muscoli, il lungo lavoro dell'Ufficio tecnico è stato supportato dalla tecnologia più d'avanguardia, concretizzandosi alla fine in un'unità motrice ultra-aggiornata, pur se collocata nella classica posizione centrale-posteriore longitudinale. Tutto in alluminio, il nuovo V12 da 6,2 litri, bialbero in testa e a quattro valvole per cilindro, esibisce accanto all'iniezione elettronica e alla fasatura variabile, l'aspirazione a geometria variabile dei condotti e il drive by wire... sotto il piede destro: tutto ciò ha portato a valori d'eccezione, cioè 580 CV di potenza, 650 Nm di coppia, 330 km/h di punta velocistica e un incredibile 3"6 nel classico scatto da 0 a 100 km/h. Sono tutti dati dichiarati dai vertici di Sant'Agata Bolognese, ma vedremo poi come i riscontri della stampa specializzata (v. "Quattroruote" nella prova su strada pubblicata nel settembre 2002) tenderanno sostanzialmente a confermarli. La trazione è quella integrale permanente della Casa, inaugurata già nel 1993 con la Diablo VT: oggi come allora, il sistema poggia non su un differenziale centrale (oltre a quelli posteriore e anteriore) ma su un giunto centrale viscoso, con tanto di controllo elettronico della trazione disinseribile. Come ulteriore segno di sportività, è stata adottata la lubrificazione a carter secco, un particolare mecca-

NUOVO CORSO
Definitivamente affidati alla matita di Luc Donckerwolke, interni ed esterni della Murciélago confermano il mix di eleganza e aggressività tipico delle supercar classiche di Sant'Agata Bolognese.

LAMBORGHINI

MURCIELAGO

nico che, permettendo di abbassare il baricentro grazie all'eliminazione della classica coppa dell'olio, va a incidere favorevolmente su stabilità, tenuta di strada e maneggevolezza. A ottimizzare la "ciclistica" contribuisce, ovviamente, in modo determinante l'inedito telaio tubolare a traliccio, interamente progettato e realizzato fuori dall'azienda: la rigidezza torsionale e flessionale hanno ricevuto un ulteriore incremento dalla sinergia dell'acciaio con la fibra di carbonio integrata nella struttura.

Colpiscono, oltre alle solite portiere (in acciaio come il tettuccio, mentre il resto della carrozzeria è in fibra di carbonio) che si aprono verso l'alto "a taglierina", le prese d'aria dinamiche poste in coda ai finestrini laterali: lavorano, sotto controllo elettronico, con sistema ad "ali di pipistrello" (insomma di murciélago!) soltanto quando ce n'è bisogno nell'economia sia termodinamica sia... aerodinamica. Nella stessa ottica, ovvero anche per dare una mano "attiva" a migliorare il Cx della vettura, gli specchietti retrovisori si ripiegano automaticamente con l'aumentare della velocità, per offrire minore profilo e resistenza all'avanzamento.

Il citato test di "Quattroruote" loda innanzitutto la sensazione di "fatto a mano" che si continua a respirare «in ogni angolo dell'abitacolo». Seguono commenti entusiastici sulla «progressione che sembra infinita», anche quando il tachimetro segna «velocità innominabili». Il tutto è all'insegna di «sensazioni indimenticabili», anche se non mancano giudizi negativi. Per esempio, non piacciono né il non perfetto allineamento pedaliera-volante-sedile di guida, né il troppo voluminoso tunnel centrale che ospita il cambio (a sei marce) che, come è noto, è posto davanti ai gruppi meccanici del motore fino dal primo prototipo della Countach (nel "lontano" 1971).

Entro pochi mesi dalla mitica presentazione serotina in Sicilia davanti a 200 selezionati addetti ai lavori, una settantina di Murciélago volano già per le vie del pianeta, esemplari eponimi di una lunga serie di versioni.

BE 640LJ
BO

LAMBORGHINI

GALLARDO

2003-05

SCHEDA TECNICA

Motore: posteriore-centrale longitudinale, 10 cilindri a V di 90°
Cilindrata: 4961 cm^3
Alesaggio e corsa: 82,5 x 92,8 mm
Alimentazione: iniezione elettronica LIE
Cambio: elettroattuato a 6 marce + R.M.
Rapporto di compressione: 11:1
Potenza: 500 CV a 7800 giri/min.
Peso a vuoto: 1530 kg
Prestazioni: 310 km/h

Alla sua presentazione (Ginevra 2003), nessuno avrebbe immaginato che quel modello Lamborghini sarebbe diventato il bestseller della Casa, con 5000 unità prodotte e commercializzate già a inizio primavera 2007 e oltre 9000 a luglio 2009 (e parliamo di una vettura che, nel listino 2005, costava ben 145.901 euro). Di fronte alla Gallardo, anche in Ferrari devono aver capito che la loro 360 Modena (e la sua erede, la 430) non avrebbero avuto vita facile in questo segmento di mercato, leggermente sotto il top di gamma.
Anche per questa "piccola Lambo", come per la Murciélago

di due anni prima, nel corso dello sviluppo era avvenuto un improvviso cambio di guardia riguardo al responsabile degli stilemi della carrozzeria. Se, per il modello precedente, era toccato alla Bertone rinunciare all'incarico a favore del Centro stile del Toro, per la nuova berlinetta è stata la Italdesign a dover passare a un certo punto le consegne agli uomini della struttura diretta da Luc Donckerwolke.

Il prototipo da Salone mostrava quanto era da tempo noto agli addetti ai lavori: la Lamborghini puntava su un'alternativa alla strapotente "Murci" a V12. Lo faceva con una V10, ben più abbordabile e meno estrema per personalità e costi: insomma, una vettura compatta e maneggevole non votata soltanto alle "sparate" autostradali (o in pista) ma adatta quasi a un utilizzo nel traffico quotidiano. E questo, senza nulla sacrificare in termini di facilità d'uso, piacere di guida e comfort di marcia: per esempio, era (quasi) buona perfino la visibilità posteriore, grazie anche al fatto che la lubrificazione a carter secco aveva permesso, con l'eliminazione della coppa dell'olio, un abbassamento di 5 cm dei gruppi meccanici. Eppure, con la Gallardo non si era certo perso per strada lo spirito tradizionale delle supercar made in Sant'Agata Bolognese, una sintesi inimitabile di fascino aggressivo, prestazioni al top, lusso da alto artigianato e ineffabile, quasi (lasciatecelo dire) esoterico "allure": un marchio di fabbrica sconosciuto alle più blasonate GT del pianeta, dalle Ferrari alle Aston Martin, dalle Bugatti alle Maserati. L'atavica grinta la confermava il nome del modello, derivato da quello di una razza iberica di tori da corrida particolarmente combattiva, oltre che da un aggettivo spagnolo che identifica, pressoché come in italiano, qualcosa di molto valido, vigoroso, tendente decisamente al tosto. Le ascendenze aeronautiche della linea, già intraviste sulla "Murci", hanno qui una conferma nell'ampio parabrezza spiovente su un muso rastremato dominato dalle aggressive prese d'aria trapezoidali e dai fari sagomati a lama di rasoio (a mano libera, of course).

COCKPIT
L'abitacolo e le linee esterne della Gallardo testimoniano dell'influenza aeronautica degli stilemi utilizzati da Luc Donckerwolke.

LAMBORGHINI
GALLARDO

Il pezzo forte era comunque l'unità motrice, un inedito V10 in alluminio di quasi cinque litri, forte di 500 CV per 310 km/h. Collocato longitudinalmente in posizione centrale-posteriore, aveva la trazione integrale permanente, il sistema traction control disinseribile, valvole a fasatura variabile, drive by wire e condotti d'aspirazione a geometria variabile: erano i must che da tempo caratterizzavano le vetture del Toro e la Gallardo non faceva eccezione anche se qui, alla parte termica, aveva messo mano anche la consociata (e blasonata) factory Cosworth. Il cambio a sei marce era manuale o elettroattuato (E-gear) e contribuiva da par suo all'emissione di quell'ammaliante gamma di toni bassi che usciva dagli scarichi (a doppio terminale). Il telaio era a spaceframe, l'esaltante capolavoro ingegneristico che aveva reso leggendaria l'Audi 8 fin dal suo apparire sul mercato nel 1994, dove la lega d'alluminio regnava sovrana, dai profilati estrusi ai nodi pressofusi che li collegavano, il tutto in sinergia portante con la carrozzeria anch'essa realizzata nello stesso metallo leggero. Sospensioni a ruote indipendenti con ammortizzatori idraulici a controllo elettronico contribuivano a quello che la rivista "Quattroruote" definiva, nella prova su strada della coupé (dicembre 2003) una «precisione di guida millimetrica». Decisamente corta (l'interasse ha un valore di ben dieci centimetri e mezzo in meno rispetto a quello della "Murci"), la nuova GT adottava l'apertura tradizionale delle portiere, lasciando evidentemente alle Lambo al top di gamma il sistema ad ali (o meglio, a elitre) che si spalancano verso l'alto. Da sottolineare la bellezza dei cerchioni (un'originale, difficile evoluzione di quelli ormai classici a cinque fori cilindrici) che ricordavano (come qualcuno ha ben detto) le ruote delle antiche macchine da guerra. È noto che lo stesso attuale presidente della Casa, Stephan Winkelmann (l'uomo dalle note "radici" italiane, al timone del Toro dal 2005), metterà mano spesso e volentieri (e con sapienza) all'evoluzione tecnico-stilistica di questo (come di altri) modello: noblesse oblige.

LAMBORGHINI

MURCIELAGO ROADSTER - LP640

LP640 ROADSTER - LP650-4 ROADSTER - LP670-4 SV

2004-09

La Murciélago Roadster del 2004 è la prima delle varianti della versione base presentata tre anni prima. È una spider con gli stessi valori di potenza (580 CV) e coppia (650 Nm) del V12 da 6,2 litri del modello eponimo della serie, ma con la punta velocistica ribassata da 330 a 320 km/h per la mutata aerodinamica. La presentazione in anteprima avviene, sotto forma di giallo prototipo da Salone, al Motor Show di gennaio a Detroit (USA), a significare non tanto il dovuto rispetto al mercato di riferimento delle "scoperte", quanto la raggiunta maturità commerciale della Marca dopo l'arrivo rassicurante della Audi nel 1998. Restano, nel lavoro di Luc

SCHEDA TECNICA

Motore: posteriore-centrale longitudinale, 12 cilindri a V di 60°

Cilindrata: 6192 cm^3 (6496 cm^3 per LP640, LP640 Roadster, LP650-4 Roadster, LP670-4 SV)

Alesaggio e corsa: 87 x 86,8 mm (88 x 86,8 mm per LP640, LP640 Roadster, LP650-4 Roadster, LP670-4 SV)

Alimentazione: iniezione elettronica LIE

Cambio: 6 marce + R.M. (elettroattuato a 6 marce per la LP670-4 SV)

Rapporto di compressione: 10,7:1 (11:1 per LP640, LP640 Roadster, LP650-4 Roadster, LP670-4 SV)

Potenza: 580 CV a 7500 giri/min. (640 CV a 8000 giri/min. per LP640, LP640 Roadster; 650 CV a 8000 giri/min. per LP650-4 Roadster; 670 CV a 8000 giri/min. per LP670-4 SV)

Peso a vuoto: 1665 kg (1665 kg per LP640, LP640 Roadster, LP650-4 Roadster; 1565 kg per LP670-4 SV)

Prestazioni: 320 km/h (340 km/h per LP640; 330 km/h per LP640 Roadster, LP650-4 Roadster; oltre 340 per LP670-4 SV)

Donckerwolke (che sarà fino al dicembre 2005 al comando del Centro stile) gli aggressivi stilemi muscolari della coupé, con l'aggiunta di ulteriori elementi sul tema come la doppia gobba triangolare di protezione per pilota e passeggero, parte integrante del profilo del cofano-motore. Un altro, se pure nascosto, contributo alla sicurezza è il traliccio in acciaio (optional in fibra di carbonio) che ingabbia l'unità motrice per aumentare la rigidezza torsionale del retrotreno della vettura privata del tetto. Sandro Munari, l'indimenticato campione del mondo Rally, in una prova su strada pubblicata dal quotidiano «la Repubblica» parla di «carattere selvaggio» dell'inedita Lambo che però non penalizza il grande «piacere di guida». La "Murci" Roadster interesserà anche la "settima arte", diventando co-protagonista, tra l'altro, del film *Batman Begins* di Christopher Nolan, del 2005. L'anno dopo, va in listino la LP640, in soli 299 esemplari: la cubatura sale a sei litri e mezzo per 640 CV e 340 km/h, mentre lo scarico ha ora un unico terminale integrato. La sua versione "scoperta", la LP640 Roadster, esce nel 2007: i cavalli sono sempre 640 ma la velocità scende per motivi di Cx a 330 km/h. Dalla primavera 2009 entra in listino la LP650-4 Roadster ("tirata" in appena 50 esemplari), forte di 650 CV per quasi 330 km/h: esibisce un'ammaliante livrea grigio-arancione, una colorazione ripresa negli interni. Sempre di inizio 2009 è la LP670-4 SV (Super Veloce) prodotta in 350 unità: i cavalli salgono a 670 ed è più leggera di un quintale, così che è in grado di superare i 340 km/h, con uno strepitoso valore di 3"2 nell'accelerazione da 0 a 100 km/h: l'alettone deportante posteriore sembra il minimo per evitare il decollo. Il nostro cuore, invece, è già decollato alla sola vista di quella sigla SV stilizzata proprio come sull'ultima Miura di 38 anni fa.

LAMBORGHINI

GALLARDO SE - SPYDER - NERA SUPERLEGGERA - LP560-4 - LP560-4 SPYDER

2005-09

Dopo che le vendite della Gallardo (la cosiddetta "baby Lambo) hanno da tempo superato le 5000 unità (facendo finalmente tornare in attivo il bilancio della Marca, dopo quasi sei anni di amorosa tutela Audi), nel settembre 2005 entra in listino la versione SE (Special Edition), prodotta in soli 250 esemplari. Caratterizzata dalla livrea bicolore (ha il tettuccio, i cerchioni e gli specchietti retrovisori verniciati in nero), adotta sospensioni più dure e un cambio aggiornato, cioè velocizzato. La potenza è salita a quota 520 CV per una punta velocistica che sfiora i 315 km/h. Con un propulsore dalle stesse prestazioni, a marzo 2006 arriva la Spyder, sempre in "tiratura" limitata a 250 unità: la sua capote si piega e scompare automaticamente sotto la copertura, in

SCHEDA TECNICA

Motore: posteriore-centrale longitudinale, 10 cilindri a V di 90°
Cilindrata: 4961 cm^3 (5204 cm^3 per LP560-4, LP560-4 Spyder)
Alesaggio e corsa: 82,5 x 92,8 mm (84,5 x 92,8 mm per LP560-4, per LP560-4 Spyder)
Alimentazione: iniezione elettronica LIE
Cambio: elettroattuato a 6 marce + R.M.
Rapporto di compressione: 11:1 (12,5:1 per LP560-4, LP560-4 Spyder)
Potenza: 520 CV a 7800 giri/min. (530 CV a 8000 giri/min. per Superleggera; 560 CV a 8000 giri/min. per LP560-4, LP560-4 Spyder)
Peso a vuoto: 1530 kg (1430 kg per Superleggera; 1410 kg per LP560-4; 1550 kg per LP560-4 Spyder)
Prestazioni: 315 km/h (oltre 315 km/h per Superleggera; 325 km/h per LP560-4; 325 km/h per LP560-4 Spyder)

fibra di carbonio, del V10 a 90° bialbero a quattro valvole per cilindro.

A inizio autunno 2006, è presentata la Gallardo Nera in 185 esemplari, la cui carrozzeria offre la possibilità di scelta tra due diverse sfumature di nero. A marzo 2007, va in vendita la grintosa (grazie anche all'alettone posteriore, sagomato e, purtroppo, fisso) Superleggera: pesa 100 kg in meno della coupé base, è forte di 530 CV per un po' più di 315 km/h.

A primavera del 2008 arriva la LP560-4. Come si evince dalla sigla, grazie anche alla cubatura salita a 5,2 litri, la potenza dell'inedita GT del Toro (che farà furore in Giappone) tocca ora quota 560 CV (per 325 km/h e, soprattutto, un bel 3"7 nel classico sprint da 0 a 100 km/h), mentre anche le sospensioni sono state aggiornate (leggi: indurite) e tutti gli interni rivisti in funzione ergonomica. Il muso, ridisegnato più appuntito, si ispira a quello da "caccia invisibile" della Reventón dell'anno prima.

Non poteva mancare la versione "scoperta" della LP560-4: è la Spyder, presentata nel novembre 2008 a Los Angeles (e subito dopo al Motor Show bolognese) per essere venduta dalla primavera 2009 a 185.551 euro. Il cambio elettroattuato a 6 rapporti, in modalità Corsa (invece che in Normal o Sport) velocizza del 40% l'azionamento delle marce permettendo di godere ancor maggiormente della strepitosa coppia di 540 Nm a soli 6500 giri. I dati ufficiali parlano di appena 20 secondi per aprire o chiudere (grazie a due elettroattuatori) il softop, il tettuccio morbido in tela nera: peccato che il sistema abbia impedito l'adozione della copertura trasparente del poderoso V10 centrale-posteriore, tutto in alluminio, collocato longitudinalmente.

LAMBORGHINI

REVENTON ESTOQUE

2007-08

Ancora un nome tratto dalla tauromachia per la **Reventón** del 2007. Una Murciélago travestita? No, non fosse altro che per la "rilettura" (di Filippo Perini e colleghi del Centro stile) degli stilemi della carrozzeria effettuata in sinergia con la divisione Ricerca e sviluppo di Sant'Agata Bolognese: qui, le linee curve della "Murci", aggressive ma morbide, sono di-

REVENTON

SCHEDA TECNICA

Motore: posteriore-centrale longitudinale, 12 cilindri a V di 60°
Cilindrata: 6496 cm^3
Alesaggio e corsa: 88 x 86,8 mm
Alimentazione: iniezione elettronica LIE
Cambio: elettroattuato a 6 marce + R.M.
Rapporto di compressione: 11:1
Potenza: 650 CV a 8000 giri/min.
Peso a vuoto: 1665 kg
Prestazioni: oltre 340 km/h

ESTOQUE

SCHEDA TECNICA

Motore: anteriore longitudinale, 10 cilindri a V di 90°
Cilindrata: 5204 cm^3
Alesaggio e corsa: 84,5x92,8 mm
Alimentazione: iniezione elettronica LIE
Cambio: elettroattuato a 6 marce + R.M.
Rapporto di compressione: 12,5:1
Potenza: 560 CV a 8000 giri/min.
Peso a vuoto: n.d.
Prestazioni: n.d.

ventate spigoli vivi e diedri. Il modello è decisamente aeronautico: è l'F22 Raptor, il caccia da combattimento "invisibile" della Lockheed-Boeing. Ecco, allora, la sagomatura della fibra di carbonio a freccia, con tanto di bellicosa doppia presa d'aria anteriore trapezoidale che sporge in avanti, raccordata da uno spoiler. E ancora, quella particolare verniciatura in un grigio-verde opaco medio caratterizzato (grazie alla presenza di particelle di metallo) da un curioso effetto visivo sviante privo di lucentezza, in puro stile Stealth, a cui non si sottraggono i cerchioni. Ecco, poi, il profluvio di led (i moderni, potenti diodi a emissione di luce) nell'impianto di illuminazione, dalla cornicina dei fari anteriori a bi-xenon alle luci posteriori, lampeggiatori compresi. E infine, l'abitacolo, un vero e proprio cockpit con strumentazione basata su tre display piatti a cristalli liquidi TFT: pensate che, protetta da una calotta in carbonio, è inserita in una struttura fresata in un blocco di alluminio pieno. I gruppi meccanici derivano dal V12 bialbero quattrovalvole della "Murci" LP640, con potenza alzata a 650 CV per oltre 340 km/h di punta velocistica e un micidiale 3"4 da 0 a 100 km/h. Quella che per molti è la Lamborghini più Lamborghini dell'epoca Audi è stata protagonista di un evento, nell'ambito di Torino 2008 World Design, dal titolo "Lamborghini e la velocità": giusto riconoscimento per l'ultra-esclusiva GT del Toro costruita in soli 20 esemplari, subito venduti a 1 milione di euro l'uno.

La **Estoque** (la spada del torero per il colpo fatale) è, invece, una Lambo a quattro porte e quattro comodi posti non sviluppata oltre lo studio di design (ahimè!). Presentata a Parigi a ottobre 2008, adotta (per ora) il V10 della Gallardo LP560-4, ma posto anteriormente.

È un prototipo di grande carattere, anche perché gli stilemi del frontale, con quel bel muso fendente, fanno riferimento al genoma Stealth della Reventón: tutti si augurano di vederla presto in listino a far paura, nel segmento berline sportive, a Maserati, Porsche e Aston Martin.

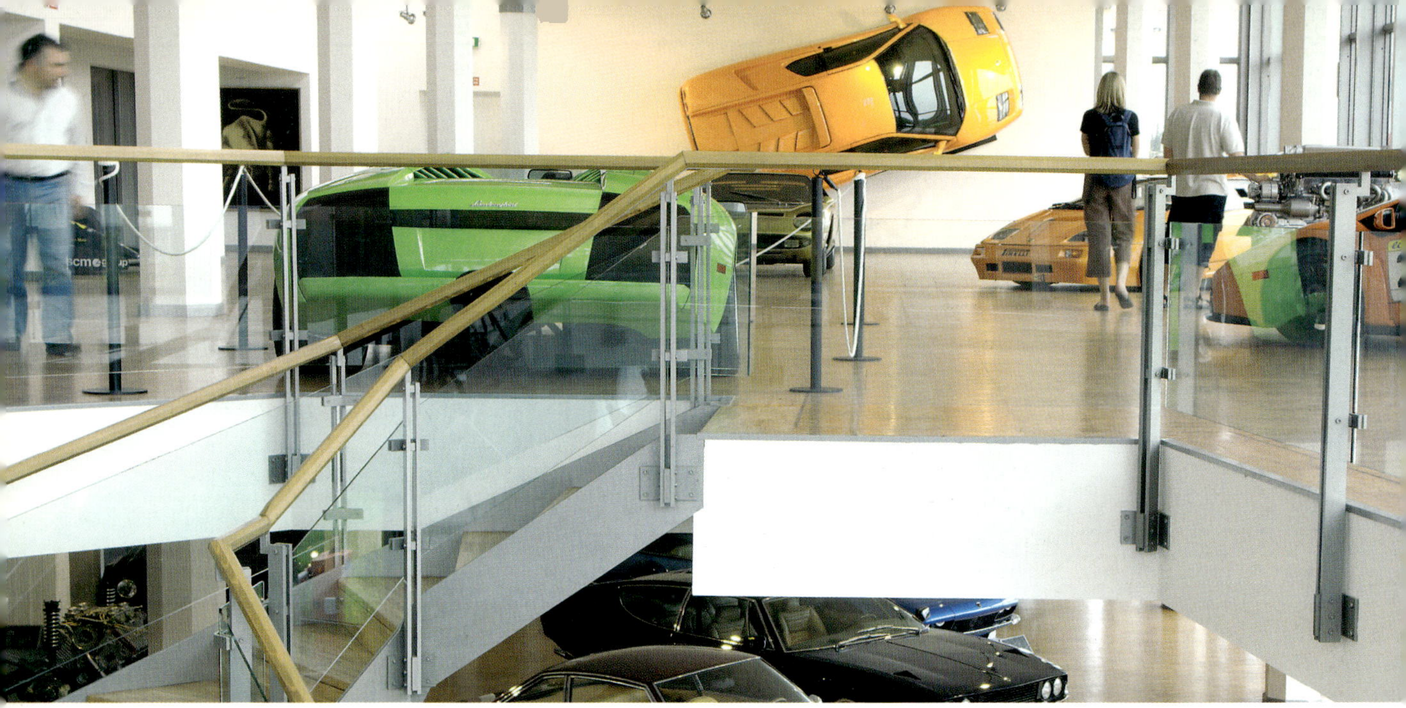

MUSEO LAMBORGHINI AUTOMOBILI

A Sant'Agata Bolognese, in via Modena 12, presso la Lamborghini Automobili nasce nel 2001 il museo della Marca. Fortemente voluto dalla nuova proprietà Audi, questo Centro eccellenza è realizzato su due piani "a vista" ed è parte integrante dei 100.000 metri quadrati del complesso di stabilimenti e uffici. Espone, a rotazione, i modelli più significativi della Marca del Toro, dalla 350 GT alla Miura, dalla Countach alla Silhouette, dalla Murciélago alla Concept S, nonché il poderoso fuoristrada LM 002 e alcune delle vetture di Formula 1 equipaggiate col V12 della Casa, dalla Lola Larrousse alla Minardi. Non mancano foto e bozzetti, nonché altro prezioso materiale storico d'archivio custodito in grossi faldoni rossi e riservato alla consultazione degli addetti ai lavori. Il visitatore appassionato di belle macchine non manchi, per esempio, di sostare nell'esame del terzo e ultimo prototipo della prima Countach, per ammirare l'ineffabile mix degli stilemi iperrealisti della livrea di Marcello Gandini con l'alto artigianato degli interni: un'esperienza indimenticabile.
Il museo è aperto ogni giorno dal lunedì al venerdì (esclusi i festivi e dal 10 al 23 agosto) dalle 9.30 alle 17.00. Per informazioni (e per le prenotazioni dei gruppi in visita) occorre telefonare allo 051-68176139. Le visite si possono anche prenotare on line sul sito http://www.visit-lamborghini.com/.

MUSEO POLIFUNZIONALE FERRUCCIO LAMBORGHINI

Nel 1995 Tonino Lamborghini, ad appena due anni dalla morte del padre Ferruccio, apre un museo visitabile ogni giorno su prenotazione (telefonare al 347-5329320 o allo 051-862628 o via e-mail: fabio.lamborghini@libero.it): è dedicato al famoso genitore, ma anche a tutti i lavoratori che hanno materialmente realizzato i prodotti del Toro, contribuendo alla nascita del mito.
Collocato a Dosso di Ferrara (via Statale 342), è diretto da Fabio Lamborghini, nipote di Ferruccio. Lì, in un'atmosfera definita "da cattedrale", col sottofondo di una colonna sonora presa dai film di Sergio Leone, ci sono sia i capolavori Granturismo (compresa la Miura SV personale del costruttore) sia il motore da F1 progettato da Mauro Forghieri che fu testato nel 1993 da Ayrton Senna sulla sua McLaren, sia i trattori (potenti ed economici), che resero possibile con il loro successo il futuro miracolo della nascita della Marca. C'è anche il famoso elicottero-utilitaria mai andato in produzione.

INDIRIZZI WEB

www.lamborghini.com
www.lamborghiniregistry.com
www.museolamborghini.com

INDICE DEI NOMI

INDICE DEI MODELLI

MODELLI DI ALTRE CASE PRODUTTRICI

REFERENZE ICONOGRAFICHE

© Actualfoto: 24b, 36-37, 38, 39, 40, 44-45, 50, 53, 62, 64, 65, 70b, 76, 84, 86a, 90as, 90ad, 90b, 91, 97a, 97b, 98, 99a, 101as, 101d, 103, 105, 111, 112, 113, 116, 120, 125a, 125b, 126a, 126b, 127, 128, 133, 140b, 143, 148, 158, 159, 160a, 160b, 161a, 161b, 162b, 164, 168, 169, 171d, 172, 173, 174b, 175a, 176, 179a, 181a, 181b, 182, 183, 186, 189b, 190a, 190b, 191a, 192, 195a, 195b, 196, 197a, 197b, 204, 206, 207a, 207b, 208, 210, 211b, 212, 213a, 213b, 214, 215a, 215b, 217a, 218, 219, 220, 221, 223c, 224, 225a, 225b, 226, 227b, 229b, 231a, 231b, 233a, 233b, 234, 235a, 235b, 236, 237a, 237b, 238, 239a, 240, 241, 242, 243a, 243b, 244, 245a, 245b, 248, 249a, 249b, 250, 251a, 251b, 252, 254, 255a, 255b, 256, 257b, 258, 259a, 260, 261a, 261b, 263a, 263b, 264, 265a, 265b, 266a, 266b, 267, 268, 269a, 269b, 270as, 270ad, 271a, 271b, 272, 273,274, 275, 276, 277b, 279a, 279b, 280, 281

Archivi Alinari, Firenze

© Gianfranco Moroldo: 60

Archivio Fotografico Italdesign Giugiaro: 259b

© Archivio Giorgio Nada Editore, Milano: 30, 34, 47, 156, 157a, 157b, 166

Archivio Giunti: 70a, 99b, 121

Archivio Puttini: 216, 217b

Automobili Lamborghini S.p.A. - Brand & Design, Centro Stile (cortesia): 200, 201, 202, 203

Contrasto

© Dirk Eisermann / LAIF: 177, 178a; © Lionel Flusin / Gamma / Eyedea Press: 193b; © Keystone / Eyedea Presse: 85; © Reuters / Str Old: 228

Corbis

© Car Culture: 262; © Marvin Koner: 73a; © John Lamm / Transtock: 145b; © Schlegelmilch: 141, 223b; © Transtock: 257b; © Universal / Temp Sport: 74b

© Farabolafoto: 26, 33, 54, 75, 77, 78, 81, 89, 239b

© Fondazione Negri, Brescia: 69b, 142, 145a, 150, 152, 153a, 153b

Mauro Forghieri (cortesia): 167

© Fototeca Storica Nazionale Ando Gilardi: 96

Getty Images

© Bachrach / Hulton Archive: 162a; © Car Culture: 209a; © The Klemantaski Collection: 48-49, 73b; © Mike McLaren / Hulton Archive: 222

Granataimages.com

© Simon Clay / Alamy: 74a; © Ditch Green / Alamy: 179b; © Oleksiy Maksymenko / Alamy: 193a, 211a, 227a, 230; © Mint Photography / Alamy: 277a; © Tom Wood / Alamy: 209b

Grazia Neri

© DPPI: 151; © Renato Franceschini: 178b; © John MacDougall / AFP: 174a; © Martin / JTP / Photononstop / AFP: 223a; © Jan Nienheysen / AFP: 175b; © Touchstone / The Kobal Collection / Merrick Morton / AFP: 170-171

© IIS di Angelo Bianchetti: 101bs

Lamborghini Press (cortesia): 7, 70, 82, 114, 136, 140a, 184, 194, 198, 199, 282a

Commendator Tonino Lamborghini (cortesia): 14, 15, 16, 17, 18, 19, 20, 21, 23, 25, 27, 29, 31b, 32, 35b, 41, 43, 46, 56, 58, 59d, 61, 66, 67a, 67b, 68, 69a, 72, 80, 86b, 87, 92, 93a, 93b, 118a, 118b, 119b, 123, 124, 129, 130, 131a, 131b, 134, 135, 144, 146, 147, 149, 282b

© Lorenzo Borri, Firenze: 2, 12, 94a, 94b, 117s, 117d, 132, 163s, 165, 229a, 232, 247a, 247b, 253a, 253b

Marka

© Eikon: 163d, 189a

Olycom

© Heritage Images: 35a; © Olympia: 55, 57, 59s, 95, 102, 109d, 110; © Publifoto: 24a, 31a, 49d, 51, 106, 107, 109s, 119a, 138; © Evo Magazine / Antony Fraser / Rex Features: 188, 278; © Gibson / Fraser / Auto Express / Rex Features: 191b; © Evo Magazine / Gus Gregory / Rex Features: 187; © Shaw / Evening News / Rex Features: 88; © Phil Talbot / Rex Features: 139, 154-155, 246; © Rex Features: 272b

© The Klemantaski Collection: 11, 122

© Warner Bros / Courtesy Everett Collection: 180

© 2007 De Agostini Picture Library / Scala, Firenze: 79

Diablo
BRAVO
CINTURATO
Castrol
6.0 L
V12
GTR
Agip